国家自然科学基金项目(52374092)资助
辽宁省教育厅科技项目(LJKZ0334)资助
煤炭开采水资源保护与利用全国重点实验室开放基金项目(WPUKFJJ2022-03)资助
山东省矿山灾害预防控制重点实验室开放基金项目(SMDPC202303)资助

煤矿地下水库煤岩体力学特性及储水系数预测研究

汪北方　著

中国矿业大学出版社
·徐州·

内 容 提 要

　　储水系数作为表征煤矿地下水库储水能力的重要指标,贯穿水库设计、建设和运行全生命周期,直接关系水库的工程效益和安全运行。如何以更科学的方法和手段快速、精准预测煤矿地下水库储水系数已成为当前亟待解决的关键科学问题。本书开展了煤矿地下水库煤岩体加载压缩试验,确定了煤岩体应力与碎胀系数之间的函数关系。基于关键层理论,划分了煤矿地下水库煤岩体应力分区,推导出各分区煤岩体应力空间变化方程式。结合煤矿地下水库煤岩体应力与碎胀系数之间的关系,界定了煤矿地下水库煤岩体碎胀特性分区。通过煤矿地下水库煤岩体恒载压实试验,获得了煤岩体变形随时间变化规律,厘清了煤矿地下水库煤岩体空隙的时间和空间分布特征,建立了煤矿地下水库储水系数动态预测模型,利用自主研制的煤矿地下水库储水系数测定试验装置验证了模型的合理性,并编程开发了一套完善的煤矿地下水库储水系数预测系统,为煤矿地下水库库容设计提供了重要的科学依据。

　　本书可供采矿工程、岩土工程等相关专业的工程技术人员参考使用。

图书在版编目(CIP)数据

　　煤矿地下水库煤岩体力学特性及储水系数预测研究 /
汪北方著. —徐州:中国矿业大学出版社,2023.8
　　ISBN 978 - 7 - 5646 - 5915 - 8

　　Ⅰ. ①煤… Ⅱ. ①汪… Ⅲ. ①煤矿—地下水库—煤岩
—岩石力学—研究 Ⅳ. ①P641.4

　　中国国家版本馆 CIP 数据核字(2023)第 149329 号

书　　　名	煤矿地下水库煤岩体力学特性及储水系数预测研究
著　　　者	汪北方
责任编辑	杨　洋
出版发行	中国矿业大学出版社有限责任公司
	(江苏省徐州市解放南路　邮编 221008)
营销热线	(0516)83885370　83884103
出版服务	(0516)83995789　83884920
网　　　址	http://www.cumtp.com　E-mail:cumtpvip@cumtp.com
印　　　刷	江苏凤凰数码印务有限公司
开　　　本	787 mm×1092 mm　1/16　印张 7.5　字数 192 千字
版次印次	2023 年 8 月第 1 版　2023 年 8 月第 1 次印刷
定　　　价	42.00 元

　　(图书出现印装质量问题,本社负责调换)

前　言

　　伴随着我国西部干旱-半干旱地区煤田的大规模、高强度开采,水资源短缺问题日益凸显,严重制约了矿区安全、绿色、高效生产。为了协调煤炭开采和水资源保护,神东矿区建设了大批煤矿地下水库。煤矿地下水库利用采空区岩体及空隙作为储水载体,人工构筑坝连接安全煤柱作为挡水坝体,配置注取水设施,以实现矿井水回收、储存和利用。在煤矿地下水库长期运行期间,采动-水岩作用下应力场、渗流场、化学场耦合且不断演化。煤岩体力学特性具有显著的空间分布特征和时间变化效应,储水系数成为多参量控制的"时-空"四维变量,给其快速、精准预测带来了巨大挑战。为此,本书选取神东矿区拟建煤矿地下水库所在工作面为工程背景,采用相似试验、数值模拟、现场实测、理论分析和工程应用相结合的方法,对煤矿地下水库煤岩体力学特性及储水系数预测展开系统、深入的研究。开展煤矿地下水库煤岩体加载变形试验,确定煤岩体应力与碎胀系数之间的函数关系。根据相似试验和数值计算结果,基于关键层理论,划分煤矿地下水库煤岩体应力分区,推导出各分区煤岩体应力空间变化方程式。结合煤矿地下水库煤岩体应力与碎胀系数之间的关系,界定煤矿地下水库煤岩体碎胀特性分区。通过煤矿地下水库煤岩体恒载压实试验,获得煤岩体变形随时间变化规律,厘清了煤矿地下水库煤岩体空隙的时间和空间分布特征,建立了煤矿地下水库储水系数时空演变动态预测模型,利用自主研制的煤矿地下水库储水系数测定试验装置校验模型的准确性,并通过编程开发了一套完善的煤矿地下水库储水系数预测系统,为煤矿地下水库库容设计提供了重要的理论依据,也为煤矿地下水库工程的安全、稳定运行提供了重要的技术支持。

　　全书共7章内容:第1章绪论;第2章煤矿地下水库理论;第3章煤矿地下水库煤岩体力学性质;第4章煤矿地下水库覆岩结构特征;第5章煤矿地下水库空隙时空分布规律;第6章煤矿地下水库储水系数动态预测;第7章结论。

　　本著作的完成得到了课题组李刚教授、金佳旭教授和周铎硕士等人的支持与帮助，在此表示衷心的感谢。

本书的出版得到了国家自然科学基金项目（52374092）、辽宁省教育厅科技项目（LJKZ0334）、煤炭开采水资源保护与利用全国重点实验室开放基金项目（WPUKFJJ2022-03）、山东省矿山灾害预防控制重点实验室开放基金项目（SMDPC202303）的资助，在此一并表示感谢。

由于作者水平有限，书中如有遗漏和错误，敬请读者批评、指正。

作　者

2023 年 3 月

目　　录

第1章 绪 论

煤矿地下水库通过利用采空区煤岩体及空隙作为储水载体,人工构筑坝连接安全煤柱作为挡水坝体,配置注取水设施实现矿井水回收、储存和利用,有效缓解了我国西部矿区水资源严重短缺问题,极大地推动了煤炭开采与水资源保护协调发展进程,已被自然资源部和国家能源局列为矿山先进技术,在国内煤矿企业中全面推广和应用,如图1-1所示。储水系数作为表征煤矿地下水库储水能力的重要指标,贯穿水库设计、建设和运行全生命周期,直接关系水库的工程效益和安全运行。为此,积极开展煤矿地下水库储水系数预测研究,对于保障煤矿地下水库高效、安全运行具有重要的理论指导意义和工程应用价值。

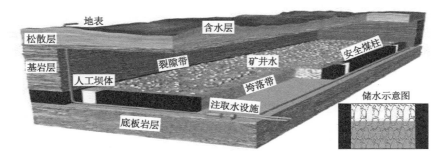

图 1-1 煤矿地下水库示意图

煤矿地下水库储水系数即采空区单位体积储水量,与采空区岩体自身吸水性和块体间空隙度密切相关,其特点如下:

(1)空间分布特征:考虑地下煤岩层的非均匀性和开采活动的复杂性,煤矿地下水库覆岩结构存在区域性,岩体空隙度具有空间分布特征。煤岩吸水性受矿物成分,重度,微结构形状、大小、分布及连通关系等因素影响。基于煤矿地下水库煤岩体竖直方向岩性差异和水平分层块度随机的特点,煤矿地下水库煤岩体吸水性具有空间分布特征。在煤矿长期开采扰动下,煤矿地下水库覆岩结构"活化",矿山压力非均匀显现,岩体微结构和空隙被不同程度压缩,储水系数存在空间差异。

(2)时间变化效应:矿井水为井下涌水与生产废水混合而成的化学溶液,在煤矿地下水库循环注取水过程中始终处于流动状态。动态矿井水与煤岩体相互作用,煤岩矿物成分和微结构变迁,力学性能削弱,促进覆岩结构"活化",进一步加剧储水系数的空间差异。鉴于水岩作用时程漫长,煤矿地下水库储水系数空间差异具有时效性。

(3)时空演变特性:在煤矿地下水库长期运行期间,采动-水岩作用下其应力场、渗流场、化学场耦合且不断演化,煤岩空隙度和吸水性具有显著的空间分布特征和时间变化效应,储水系数成为由多参量控制的"时-空"四维变量,给其快速、精准预测带来了巨大挑战。

综上所述,选取神东矿区拟建煤矿地下水库所在工作面为工程背景,采用室内试验、数值模拟、现场测试与理论分析相结合的方法对煤矿地下水库煤岩体力学特性及储水系数预测展开深入研究,为煤矿地下水库及矿井的安全、高效运行提供基础理论依据,促进我国西部生态脆弱矿区绿色开采。

第 2 章　煤矿地下水库理论

伴随着国家全面实施煤炭开采西移战略,神东矿区已逐渐发展成为我国特大型煤田开发基地,但是地处毛乌素沙漠与黄土高原接壤地带,常年干旱缺水,植被稀疏,生态环境脆弱。大规模、高强度的煤炭开采势必造成地表浅水资源流失和破坏,生态环境进一步恶化,煤炭开采与水资源短缺的矛盾日趋凸显。顾大钊团队针对矿区煤炭开采产生的大量废弃采空区及矿井水的普遍现状,借鉴地下水库及含水层转移等地下水利工程的相关理论和经验,创新性地提出了煤矿地下水库储用矿井水理论,充分利用煤炭采出后形成的大面积采空区,疏导矿井水至其中进行储存、净化,以待再次利用,有效实现煤炭开采与水资源保护协调发展。本章针对神东矿区开采条件阐述煤矿地下水库理论。

2.1　工程背景

2.1.1　地质特征

神东矿区位于内蒙古、陕西与山西交界处,平均海拔高度为 1 200 m,地表被流动沙及半固定沙覆盖,厚度可达 20～50 m,地理坐标为东经 $109°51'$～$110°46'$、北纬 $38°52'$～$39°41'$。矿区西北部为库布齐沙漠,多为流沙、沙垄,植被稀疏;西南部为毛乌素沙漠,地势低平,由沙丘、沙垄组成,沙丘间分布着众多湖泊,植被茂密;东北部为土石丘陵沟壑区,地表土层薄。矿区南北长 38～90 km,东西宽 35～55 km,煤炭地质储量为 354 亿 t。

（1）地层分布

矿区地处鄂尔多斯大型聚煤盆地的东北部,地层自上而下依次为:① 风积沙(Q_4^{eol}),分布广泛,是地表沙漠的组成物质,以浅黄色粉细砂为主,厚度为 0～60 m。② 萨拉乌苏组(Q_3s),分布广泛,是最主要的含水层,岩性以中细砂为主,厚度为 0～160 m,受控于基岩顶面古地形,为一套河湖相沉积物。③ 离石组(Q_2l)分布不连续,岩性为灰黄色、棕黄色亚砂土、亚黏土,夹多层薄古土壤层及钙质和结核层,具柱状节理,厚度为 0～165 m。④ 新近系上新统三趾马红土(N_2)在各大沟系分水岭地带有出露,零星分布,岩性为棕红色黏土及粉质黏土。⑤ 白垩系洛河组(K_1l)紫红色、橘红色中粗粒砂岩,巨厚层状、胶结疏松、大型交错层理,底部为砾岩,局部分布,一般厚度为 18～30 m。⑥ 安定组(J_2a)以紫杂色泥岩、砂质泥岩为主,与粉砂岩、细砂岩互层,厚度为 55～114 m。⑦ 直罗组(J_2z)上部以紫杂色、灰绿色的泥岩、粉砂岩为主,夹砂岩透镜体;下部以灰白色砂岩为主,夹泥岩条带,底部有砾岩,各沟谷上游出露,风化裂隙较发育,厚度为 70～134 m。⑧ 延安组(J_2y)为本区的含煤地层,由中、厚层砂岩和中、薄层泥岩组成,厚度为 150～280 m。

（2）煤层赋存

矿区延安组含煤地层分为5段,各含一个煤组,分别为1~5煤组,对具有对比意义的煤层编号为$1^{-2上}$、1^{-2}、$2^{-2上}$、2^{-2}、3^{-1}、3^{-2}、4^{-2}、4^{-3}、4^{-4}、$5^{-2上}$、5^{-2}及$5^{-2下}$,共12层。各煤层厚度变化具有一定规律,且煤层间距及结构较稳定,具体赋存特征见表2-1。其中,$2^{-2上}$、3^{-1}、$5^{-2上}$及$5^{-2下}$煤层可采点少或不连片,为不可采煤层;$1^{-2上}$、3^{-2}、4^{-2}、4^{-3}及4^{-4}煤层局部可采,为次要可采煤层;1^{-2}、2^{-2}及5^{-2}煤层全层可采,为主要可采煤层,如图2-1所示。1^{-2}、2^{-2}煤层赋存于第五段和第四段,埋深较浅,已经全面开采,而5^{-2}煤层赋存于延安组第一段,埋深较大,仅部分开采。

表 2-1 可采煤层赋存特征

段号	煤层	煤层特征数				煤层间距/m	结构	可采面积/km²	稳定类型
		最小值~最大值/平均值(个数)	标准差	变异系数	可采概率	最小值~最大值/平均值			
五	$1^{-2上}$	0.12~6.67/1.35(56)	1.4	1.04	0.50	0.80~38.11/8.82	伴有1~3层夹矸,厚度为0.14~0.57 m,岩性为泥岩、炭质泥岩、粉砂岩	11.5	不稳定
五	1^{-2}复合区	2.55~8.71/6.45(63)	1.21	0.19	0.99	16.45~39.58/25.34	一般2层夹矸,少数1层夹矸,厚度为0.02~0.72 m,炭质泥岩、泥岩、砂质泥岩、粉砂岩、细粒砂岩、中粒砂岩	4.1	较稳定
五	1^{-2}分岔区	0.12~3.91/0.81(87)	0.69	0.85	0.38	33.00~52.60/43.14	存在0~1层夹矸,厚度为0.03~0.41 m,炭质泥岩、泥岩、粉砂岩	6.3	不稳定
四	2^{-2}	0.66~7.07/4.22(176)	1.02	0.18	0.99	18.91~40.74/34.51	分岔线附近2层夹矸,其余地带1层夹矸,厚度为0.03~0.66 m,炭质泥岩、泥岩、砂质泥岩、粉砂岩	73.1	稳定
三	3^{-2}	0.15~2.67/0.76(97)	0.63	0.83	0.47	7.44~20.26/13.89	母河沟一带有1~2层夹矸,其余地带仅有1层夹矸,厚度为0.03~0.36 m,炭质泥岩、泥岩及粉砂岩	28.0	较稳定
二	4^{-2}	0.20~1.26/0.73(114)	0.27	0.37	0.37	8.40~26.35/16.37	西南部可采区有1层夹矸,厚度为0.16~0.27 m,炭质泥岩及泥岩	45.6	不稳定~较稳定
二	4^{-3}	0.10~1.33/0.56(101)	0.34	0.61	0.23		一般无矸,个别地方有1~2层夹矸,厚度为0.05~0.18 m,泥岩	18.0	不稳定~较稳定
二	4^{-4}	0.1~1.08/0.49(109)	0.25	0.52	0.10	21.49~47.50/33.89	无夹矸	18.6	不稳定较稳定
一	5^{-2}	1.35~7.75/5.60(118)	1.38	0.25	0.99		局部有1~2层夹矸,少数地方有3层夹矸,个别地方有4层夹矸,厚度为0.02~0.66 m,炭质泥岩、泥岩、粉砂岩	126.8	稳定

注:表中个数是指勘探钻孔个数。

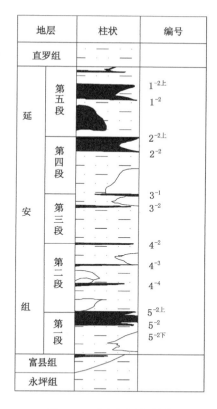

地层		柱状	编号
直罗组			
延 安 组	第五段		1⁻²上 1⁻²
	第四段		2⁻²上 2⁻²
	第三段		3⁻¹ 3⁻²
	第二段		4⁻² 4⁻³ 4⁻⁴
	第一段		5⁻²上 5⁻² 5⁻²下
富县组			
永坪组			

图 2-1　延安组层段划分

1^{-2}煤层厚度为 3.0～6.9 m,平均厚度为 5.3 m,倾角小于 3°,为近水平煤层。煤层结构较简单,部分区域分布厚度为 200～500 mm 砂质泥岩夹矸;直接顶为泥岩、粉砂岩,泥质胶结,下部含泥量较大;基本顶以粉砂岩为主,部分地段为中砂岩,顶板中等稳定;直接底多数为泥岩、砂质泥岩,遇水后易泥化,强度大幅度降低;基本底为粉砂岩、中砂岩。

2^{-2}煤层厚度为 3.9～4.5 m,平均厚度为 4.3 m,倾角小于 5°,为近水平煤层。煤层结构较简单,部分区域分布 33～240 mm 砂质泥岩夹矸;直接顶为粉、细砂岩,部分地段存在伪顶,岩性以泥岩和砂质泥岩为主;基本顶以中砂岩为主,部分地段为粗砂岩,顶板中等稳定;直接底多为泥岩、砂质泥岩,遇水后易泥化,强度大幅度降低;基本底为粉、细砂岩。

5^{-2}煤层厚度为 1.35～7.75 m,平均厚度为 5.6 m,倾角小于 7°,为近水平煤层。煤层结构较简单,一般不含夹矸或偶含 1～2 层泥岩夹矸;直接顶为粉、细砂岩,部分地段存在伪顶,岩性以泥岩和砂质泥岩为主;基本顶以中砂岩为主,部分地段为粗砂岩,顶板中等稳定;直接底多为泥岩、砂质泥岩,遇水后易泥化,强度大幅度降低;基本底为粉、细砂岩。

（3）地质构造

矿区基本地质构造为单斜构造,宽缓且有波状起伏,无大的断裂褶皱,偶见小断层。自中生代沉积侏罗系、白垩系以来,构造变动微弱,至晚近期,上升运动加剧,自中更新世以来,河谷堆积作用增强,厚度普遍增大。由于地质构造简单,岩层产状平缓,裂隙不发育,十分有利于矿井水的井下储用。

综上所述,神东矿区煤层具有典型的浅埋煤层赋存特征:埋深较浅,大部分集中在 150 m
以内,基岩厚度较薄,最小厚度仅为 1.4 m,地表覆盖大面积风积沙,一般厚度为 10~50 m,
煤系地层近水平,微向南倾斜,分布稳定,地质构造简单,是大规模机械化采掘的理想煤田,
也为煤矿地下水库工程建设提供了良好的地质条件。

2.1.2 水源特点

(1) 赋存条件

矿区气候干燥,年降雨量仅为 194.7~531.6 mm,而蒸发量却高达 2 297.4~2 838.7 mm,
属于典型的半干旱、半沙漠高原大陆性气候。地表水系不发育,仅有乌兰木伦河贯穿全区。
矿区复杂的地形、地貌导致大部分降水形成地表径流而流失,不利于地下水补给渗入。矿
区地形切割强烈,沟谷纵横,大气降水多数沿沟谷以地表水的形式排泄,地下水径流速度较
低。根据矿区地下水系赋存条件及水力特征,划分为第四系松散岩类孔隙潜水与裂隙孔洞
潜水、中生界碎屑岩类裂隙孔隙、裂隙潜水和寒武-奥陶系碳酸盐岩裂隙-岩溶水三大类型。

① 第四系松散岩类孔隙潜水与裂隙孔洞潜水

第四系含水岩组主要包括:河谷区孔隙潜水、沙漠滩地区孔隙潜水以及黄土梁岗梁峁
区裂隙孔洞潜水。

河谷区孔隙潜水主要分布于海流兔河、无定河、榆溪河、秃尾河及窟野河的一级阶地和
高漫滩中,发源于沙漠地区的河流,补给条件良好,地下水丰富或较丰富。而发源或径流于
黄土梁峁区的河流,排泄条件好而补给条件差,不利于地下水赋存。

沙漠滩地区孔隙潜水广泛分布于尔林兔、小壕兔、大保当、马合、巴拉素、金鸡滩等沙
漠滩地区,面积为 5 785 km²,占全区面积的 28.7%,含水层以上以更新统萨拉乌苏组中
细砂为主,是全区最富水的含水岩组,上覆透水性好的现代风积沙,含水层厚度为 60~
80 m,最大厚度为 140 m。水位埋深小于 10 m,单井涌水量为 1 000~2 500 m³/d,最大可
达 3 000 m³/d。

黄土梁岗梁峁区裂隙孔洞潜水主要分布于中鸡、青草界以东,巴拉素、芹河、榆林、双
山、大保当以南的黄土梁峁、梁岗地区,含水层主要为中更新统的离石黄土。

② 中生界碎屑岩类孔隙、裂隙潜水

碎屑岩类孔隙、裂隙水分布于全区第四系松散层之下,在较大沟谷中局部出露,大多数
地段地下水较贫乏且水质较差。只有侏罗系煤系地层的烧变岩带裂隙水和下白垩统洛河
组砂岩裂隙孔隙中含有相对丰富的地下水。

侏罗系烧变岩带裂隙水分布于榆溪河、秃尾河、窟野河的支流水长沟、彩兔沟、清水沟、
麻家塔沟等沟源地带,接受上覆松散岩类孔隙水的补给,地下水补给,富集条件较好,动态
稳定。

下白垩统洛河组砂岩裂隙、孔隙潜水分布于区内雷龙湾、长城则、波直汗、木秃兔至中
鸡公社一线以西,具有自西向东、自北向南富水性越来越弱的赋存规律。

③ 寒武-奥陶系碳酸盐岩裂隙-岩溶水

碳酸盐岩裂隙-岩溶水主要分布于府谷县黄河沿岸,含水岩组为寒武、奥陶系的灰岩、白
云岩,含水层顶板埋深为 50~150 m。

(2) 赋存特征

矿区地表松散层局部存在富水区,地下水比较贫乏,总量相对较少,可供开发的水资源为 4.37 亿 m³,其中河川径流占 76.0%,地下水占 24.0%。

矿区水资源赋存特征为:

① 地表水系空间分布不均匀,多分布于风积沙滩地与黄土丘陵接触地带,其直接补给源主要为砂层潜水。由于风积沙滩地地下水资源相对丰富,在黄土出露处多以泉的形式排泄,使得常年性地表水系得以发育。

② 地表水系径流时间分布不均匀,非砂层含水层直接补给的地表水系多为季节性径流。由于矿区降雨多集中在 7、8、9 三个月以暴雨形式降落,汛期地表水系的径流量远大于枯水期。

③ 煤层规模采出,上覆延安组与直罗组泥岩、砂泥岩互层组成的隔水层发生破坏,渗透性增强,矿区水资源赋存条件发生显著变化,大量萨拉乌苏组地下水渗漏到井下形成矿井水,造成矿区地下水水位下降,自然状态下地表浅部可利用水资源不断减少。

（3）矿区需水量

由干旱-半干旱缺水矿区煤炭开采初期地表径流和地下水排泄泉眼地质调查结果可以看出:区域河沟不同程度减流,地下水资源明显减少。而矿区煤炭规模开采过程中,正常生产、生活需水量十分巨大,达到 14 520.4 万 m³/a。其中,最大需水量为矿井生产用水,其次为生态灌溉用水,生活用水只占较小部分,且用水量相对稳定,具体见表 2-2。

表 2-2　矿区开采初期需水量　　　　　　　　　　单位:万 m³/a

项目	用途	水源	水量
生产用水	除尘、井下消防、冲洗和选煤等	矿井水	8 164.4
生态灌溉	采空区生态用水补偿、绿化等	矿井水及地表水	4 021.6
生活用水	饮用、洗漱用水和地面消防等	地表水及地下水	2 334.4
合计	14 520.4		

天然条件下,矿区农业用水所占比例相对较大,而绝大多数农田灌溉用水均取自本已十分稀缺的地表水系,导致煤炭规模开采与水资源短缺之间的矛盾日益突出。此外,如果直接排放矿井水,还容易引起矿区及周边地区地表水水质恶化,产生大面积水污染。因此,矿区煤炭规模开采的同时必须加强水资源的保护和利用,亟须开辟一条煤炭开发与水资源保护相协调的有效途径。

2.1.3　储水条件

浅埋煤层采出形成裸露空间,上覆岩层失去支撑作用,发生变形、移动、垮落而堆积至采空区。采空区煤岩体作为完整覆岩的破碎形态,具有一定的碎胀特性。破碎岩块在上覆岩层荷载作用下逐渐被压实,包括煤岩块的弹塑性变形、运动、破碎以及重新排列引起堆积体的宏观体积改变。实测和模拟结果表明:地下煤层开采结束一段时间后,上覆岩层和地表移动基本趋于稳定,采空区覆岩结构附近始终伴有空洞、空隙、裂缝、离层和破碎煤岩块欠压密区域,可作为煤矿地下水库储水空间。

（1）采空区分布特点

随着我国煤炭需求量增加和开采技术的发展,神东矿区 1^{-2} 和 2^{-2} 等浅埋煤层已基本实现现代化规模开采,地下煤炭大量采出的同时形成了大面积采空区。根据神东矿区几个特大型煤矿储量和 2002—2014 年期间原煤产量,统计各煤矿采空区面积见表 2-3。

表 2-3 矿区各煤矿采空区面积统计

煤矿	开采煤层	原煤产量/亿 t	平均采高/m	采空区面积/km²
大柳塔	1^{-2}上煤、1^{-2}煤、2^{-2}煤、5^{-1}煤、5^{-2}煤	3.5	5.42	49.67
补连塔	1^{-2}煤、2^{-2}煤、3^{-1}煤	2.3	4.98	35.53
榆家梁	4^{-2}煤、4^{-3}煤、5^{-2}煤	1.5	4.48	25.76
保德	$8^{\#}$煤、$11^{\#}$煤	1.5	6.59	17.51
上湾	1^{-2}煤、2^{-2}煤、3^{-1}煤	1.9	5.3	27.58
哈拉沟	1^{-2}上煤、1^{-2}煤、2^{-2}煤、3^{-1}煤	1.4	5.28	20.39
石圪台	1^{-2}煤、2^{-2}煤、3^{-1}煤	1.5	4.82	23.94
乌兰木伦	1^{-2}煤、2^{-2}煤、3^{-1}煤	1.3	3.06	32.68
锦界	3^{-1}煤、4^{-2}煤、5^{-2}煤	1	3	25.64
布尔台	3^{-1}煤、5^{-1}煤、6^{-2}煤	0.8	3.4	18.09

从各煤矿采空区面积分布特点可以看出:采空区面积与煤矿生产能力紧密相关,随着生产能力增大而增大。其中,大柳塔煤矿、补连塔煤矿、榆家梁煤矿、上湾煤矿、乌兰木伦煤矿和锦界煤矿采空区面积均达到了 25 km² 以上,大柳塔煤矿采空区面积最大。

广阔的储水空间是煤矿地下水库建设的前提条件,神东矿区煤炭规模开采形成的大面积地下采空区为煤矿地下水库提供了充足的存水空间。

(2)采空区密封特性

煤矿地下水库储水空间应满足水体补得进、存得住、取得出等要求。作为地下储水空间,除了具有充足的存储空间外,还必须具有良好的封闭条件,使注入的矿井水不致漏失。

① 顶底板岩性

根据矿区工程钻探资料,各煤矿采空区上覆岩层分布基本一致,地表被较厚的 Q_4^{eol+al} 覆盖,部分区域存在砂砾石含水层,基岩以砂岩为主,采空区顶板为炭质泥岩,底板为泥岩及砂岩。从岩石物理力学参数测试试验结果可以看出:干燥状态下砂岩单轴抗压强度为 34.5～46.2 MPa,内聚力为 6.06～9.1 MPa,内摩擦角为 40°～45°;饱和状态下砂岩单轴抗压强度为 27.26～36.49 MPa,内聚力为 4.82～7.23 MPa,内摩擦角为 39°～43°;普通吸水率为 0.12%～0.21%,饱和吸水率为 0.59%～0.72%。基于岩石物理力学性质、地层裂隙发育状况及地下水条件来评价采空区顶、底板稳定性,矿区大部分采空区顶板属于二类中等垮落顶板。而在某些泥岩发育地区及浅埋、受地表水及风化作用影响大的地段,岩石强度降低,裂隙较发育,属于易垮落顶板。

由于矿区覆岩赋存条件具有显著的区域性,煤矿地下水库储水条件也存在明显的差异。其中,砂土基岩型采空区储水条件最为有利,其次是基岩沟壑型采空区,最差的是土基型采空区和排水边界型采空区。究其原因主要是土基型采空区位于黄土梁峁处而无法得到充足水源补给,排水边界型采空区不易保证封闭效果。对于砂土基岩型煤层开采,上覆岩层发生弯曲、变形和破断,形成垮落带和裂隙带,改变覆岩含水层补给、径流和排泄条件。采动初期,顶板基岩中泥岩、粉砂岩层富水性极弱,随着开采范围扩大,覆岩移动,裂隙发育,富水性变强,而砂质泥岩、泥岩底板厚度较大,隔水作用显著,十分有利于煤矿地下水库储存矿井水。例如,大柳塔、补连塔和乌兰木伦等煤矿建设的煤矿地下水库工程均取得了良好的经济效益和社会效益。

② 介质性质

煤矿地下水库煤岩体的岩性和结构决定了储水空间的大小和净化效果,煤岩体作为储水介质,岩性主要由灰色、灰白色、灰绿色及黑灰色的中、细砂岩组成,厚度为 5～20 m。沿水平方向由西南向东北,介质颗粒逐渐变粗;沿竖直方向,下部储水介质较粗,多数为中粗砂砾石,上部较细,为粉细砂或中砂。大部分区域储水介质分选性较好,透水性较强。

③ 调蓄空间

煤矿地下水库的调蓄空间分为极限调蓄空间和实时调蓄空间,可以通过特征库容来描述。极限库容包括最大库容、最小库容和最大调蓄库容。实时库容包括实时蓄水库容和实时调蓄库容。最大、最小库容分别是极限高、低水位与隔水底板之间储水介质的重力和弹性释水体积。其中,极限高、低水位是在不引起环境负效应的前提下的最大疏干程度,主要根据储水介质性质以及当前经济技术条件下的工程注水能力等因素确定。最大调蓄库容表征煤矿地下水库的最大调蓄能力,极限库容可以通过分析煤矿地下水库煤岩体结构和应力分布等因素进行求解。实时蓄水库容表征任意时刻煤矿地下水库的实时蓄水能力,实时调蓄库容则为任意时刻煤矿地下水库的实时调蓄能力。

针对神东矿区水资源保护性开采目标,对矿区地质特征、水源特点和储水条件等方面的分析表明:大部分采空区具备煤矿地下水库工程建设所需的基本条件。

2.2　技术特点

自然状态下"砂层潜水补给-沟网"直接承载了矿区水资源的需求,然而煤炭规模开采对"砂层潜水补给-沟网"的破坏是不可避免的。尽管传统保水开采方法,如房柱式开采、条带开采或充填开采等,均能有效控制水体流失,很好地保障了生态、农业和工业用水的供给,但是以"堵截"为主的传统保水开采方法极大降低了煤炭开采率和效率,严重制约了煤矿高产、高效生产,并且对水体资源化关注严重不足。因此,传统保水开采方法存在较大的局限性。针对矿区干旱-半干旱缺水条件,结合浅埋煤层开采条件,以"导储用"为核心的煤矿地下水库技术应运而生,利用地下采空区煤岩体储存、净化矿井水,避免大量水体外排地表流失和污染水环境,实现矿井水循环利用,大大缓解矿区缺水压力。

2.2.1　技术体系

煤矿地下水库技术涉及采矿工程、工程地质、水文地质、水利工程和环境工程等诸多学科,是一项十分复杂的系统工程,面临储水水源分析、水库选址与规划、储水系数预测、坝体构筑工艺、坝体参数设计、水库间通道建设、安全保障技术、煤岩体对矿井水净化规律、水质控制、高矿化度水处理等技术难题。借鉴国内外已有的地下水库工程相关理论和经验,建立煤矿地下水库技术体系,如图 2-2 所示。

研究目标　　　　　　　　　　　关键技术　　　　　　　　技术方法　　　　工程示范

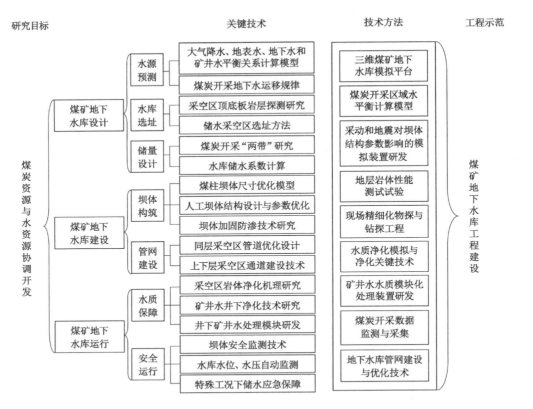

图 2-2　煤矿地下水库技术体系

（1）水源分析

水源分析是煤矿地下水库工程建设的前提，主要包括煤炭开采地下水运移规律研究和赋存量预测两个部分内容。采用集四维地震、高密度电法和地质雷达等物探方法，结合现场水文勘探观测和物理数值模拟一体化综合研究方法，对神东矿区煤炭开采覆岩变形运动和地下水运移特征进行全周期、多参数和多层次观测研究，掌握采动地下水赋存量。

（2）水库选址

根据神东矿区 209 个水文孔和近 300 个工作面的观测资料，理论分析煤炭开采地下水汇集流场，揭示地下水向开采区域汇集规律，极大丰富煤矿地下水库选址技术。

① 同层煤地下水库

同层煤地下水库的选址准则为煤层底板较低处、无导水构造和不良地质条件、煤层底板岩层渗透性低、矿井水补给稳定、便于水体调用等。

② 下层煤地下水库

下层煤地下水库选址不仅要满足上层煤地下水库选址准则，还要保证上层煤地下水库安全。要掌握下层煤施工覆岩应力场和裂隙场变化规律，确定上下层煤地下水库之间的安全距离。

（3）储水系数预测

针对煤矿地下水库利用采空区煤岩体空隙储水的特点，提出储水系数概念，即单位体积采空区的储水量,其大小主要取决于煤岩体空隙率,受开采参数、覆岩结构、岩体块度和矿山压力等因素的影响。

（4）坝体构筑

煤矿地下水库工程坝体具有结构特殊和受力复杂的特点。

① 结构特殊

a. 非连续:采煤工作面布置的安全煤柱具有不连续性;

b. 变断面:煤柱坝体宽度为 20～30 m,构筑人工坝体厚度约为 1 m;

c. 非均质:煤柱坝体由煤体组成,而人工坝体以钢筋混凝土材料为主。

② 受力复杂

a. 矿压:同煤层或不同煤层开采矿压均对坝体稳定产生一定影响;

b. 水压:储水水位升降引起水压变化直接关系坝体的安全和稳定;

c. 地震:据统计,神东矿区煤炭开采诱发的矿震每年多达 20 余次,因此,必须考虑矿震和地震对坝体的作用。

（5）管网建设

设计同煤层地下水库间的管道布设路线,提出有效联系上下煤层地下水库的通道方案,优化、完善矿井输水管道建设。

（6）水质控制

通过矿井水试样净化模拟试验分析煤矿地下水库煤岩体净水机理。矿井水在地下水库中储存、净化和运移的过程中,与煤岩体发生固液耦合作用,过滤吸附和离子交换等作用能够有效降低矿井水中的悬浮物、钙离子和 COD 等污染物浓度,产生净化矿井水的效果。

（7）安全保障

为保障煤矿地下水库的安全运行,提出三重防控技术理念,研发安全预警控制系统。① 控制水库水位;② 监测坝体应力和变形;③ 人工坝体安装应急泄水装置,突发矿震或冲击地压时泄水降压。

2.2.2　优势和不足之处

（1）优势

① 煤矿地下水库储水空间随采矿而产生,不需要大量的水利工程构筑物来建造储水空间。

② 煤矿地下水库储水空间巨大,储水介质主要为采空区煤岩体碎胀产生的空隙空间。

③ 储水水源丰富,其他地下调储工程都是以某一含水层为主,以地表径流和大气降水为辅进行储水补给,而地下水库的水势能较低,具有大面积汇流作用,且裂隙带导水作用显著。因此,煤矿地下水库储水水源十分丰富。

④ 水量交换迅速,通过注水管路可以将矿井水注入煤矿地下水库储存,同时可以利用取水管路快速抽取煤矿地下水库储水。

（2）不足之处

① 储水水质复杂:鉴于煤矿地下水库储水水源和水岩作用均较为复杂,煤体中有害元素富集,矿区建设地下水库还需要进一步探讨。

② 威胁煤矿安全生产:水害是我国煤矿常见的灾害之一,因此,开展煤矿地下水库工程

建设的前提条件是保证煤矿安全生产。矿井突水事故诱因多为采空区位置或水量未能及时、准确探查。而在煤矿地下水库工程中,采空区位置明确,因此,只要准确预测储水量还是可以对此类水害进行预防的。

综上所述,传统的"保水开采"方法具有一定的局限性,且规模开采会加剧地表水、地下水流失,难以满足矿区生产、生活用水需求。因此,资源化利用煤炭开采过程中产生的大量废弃矿井水势在必行。利用煤层采出形成的大面积采空区和较低水势,通过对矿井水自流汇集、人工转移和存储净化来调控矿区不均匀分布的水资源。尽管煤矿地下水库技术已经取得了成功应用,但是在工程实践中仍存在诸多问题,其中储水系数预测较为突出,直接关系煤矿地下水库的安全、稳定运行。

2.3 储水系数

储水系数作为表征煤矿地下水库储水能力的重要指标,贯穿水库设计、建设和运行全生命周期,直接关系水库的工程效益和安全运行。现有资料与矿井生产实践表明:煤矿地下水库储水系数不仅与采空区埋深、煤层倾角、底板透水性和空顶时间等开采条件有关,还与煤岩体吸水和空隙特性等煤岩体力学性质存在密切关系,如图 2-3 所示。

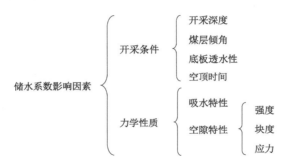

图 2-3 储水系数影响因素

2.3.1 开采条件

煤矿地下水库储水系数影响因素中开采条件主要包括:

(1)开采深度:不同采深处地应力具有显著差异,直接影响煤矿地下水库煤岩体压实程度。由于地应力与采深成正比,开采深度越大,覆岩采动应力越明显,煤矿地下水库煤岩体压缩量越大,储水空隙空间越小。显然,采深小有利于煤矿地下水库储水。

(2)煤层倾角:煤层倾角大,煤矿地下水库煤岩体在自重分力作用下极易充满采空区,煤矿地下水库储水空隙空间就小;反之,很难充满采空区,煤矿地下水库存在较大储水空隙空间。

(3)底板透水性:一定时间内渗出水量占注入水量的百分比表示透水性强弱,若煤矿地下水库注入水量在较短时间内全部渗出,则底板不利于煤矿地下水库储水;反之,保持较长时间不渗出,则底板有利于煤矿地下水库储水。显然,砂岩底板透水性相对较强,而泥岩底板透水性相对较弱。

（4）空顶时间：煤矿地下水库空顶时间越长，顶板下沉量越大，越不利于煤矿地下水库储水。

2.3.2　力学性质

煤矿地下水库储水系数影响因素中煤岩体力学性质主要包括：

（1）吸水特性：煤岩体自身存在着不同发育程度的裂隙，在大气压力条件下单位体积煤岩吸水质量与煤岩干质量之比为煤岩吸水率。煤和泥岩裂隙相对发育，吸水率较大，而砂岩相对致密，吸水率较小。

（2）空隙特性：煤岩体空隙率一般在 0.05～0.8 之间，不同强度、块度和应力条件下的煤岩空隙率显著不同。

① 强度：若煤岩体由坚硬岩石组成，如砂岩碎块强度高，不易被压实，储水空隙空间较大；而由软弱岩石组成岩体，如泥岩，其强度低，遇水膨胀、软化，容易被重新压实，储水空隙空间较小。

② 块度：煤岩体不同块度的比例为块度级配，若在某种级配条件下，大块煤岩体间充填中块，中块间充填小块，碎块间空隙被最大程度填充，煤岩体致密，储水空隙空间就较小；反之，储水空隙空间就较大。

③ 应力：煤岩体应力主要源自覆岩垂直压力，具有显著的空间差异性，应力越大，煤岩体空隙空间越小，反之越大。

综上所述，对于特定的浅埋煤层开采条件，煤矿地下水库储水系数大小主要取决于煤岩体性质，而煤岩体空隙特性比吸水特性的影响大。

2.4　本章小结

针对顾院士团队创新性提出的煤矿地下水库保水采煤方法，从神东矿区煤矿地下水库工程背景、技术特点及储水系数等方面进行了初步探讨。

（1）在矿区浅埋煤层赋存特点、水资源分布特征和储水条件等方面系统分析了煤矿地下水库工程背景。

（2）深入分析了煤矿地下水库技术体系，指出了其优点与不足之处，为类似矿区建设煤矿地下水库提供参考。

（3）对于特定的浅埋煤层开采条件，煤矿地下水库储水系数主要取决于煤岩体空隙特性。

第 3 章　煤矿地下水库煤岩体力学性质

煤矿地下水库煤岩体力学性质直接决定储水空间的大小,通常与煤岩体强度和变形参数有关。本章以神东矿区拟建煤矿地下水库 22616 工作面为工程背景,开展一系列煤岩体力学性质试验研究。

3.1　22616 工作面概况

22616 工作面位于矿井六盘区,东侧为零度大巷,南侧为 22615 工作面,西侧为开切眼外旺采区,北侧为 2^{-2} 煤火烧边界,如图 3-1 所示。工作面走向长度为 1 000.94 m,倾向长度为 350.95 m,埋藏深度为 42~92 m。工作面主采 2^{-2} 煤层,结构单一,属于稳定煤层,厚度为 4.8~5.3 m,倾角为 1°~3°。工作面采用单一倾斜长壁后退式综合机械化开采方法,一次采全高,顶板全部垮落。工作面选用 JOY-7LS6/LWS536 型采煤机、ZY11000/24/50 型掩护式电液控支架、JOY-TTT3×1000kW 型刮板输送机、JOY-400kW 型转载机、JOY-400kW 型破碎机及 SDWX/JW-Ⅲ型自移机尾运输设备,工作面开采完成后拟建煤矿地下水库。

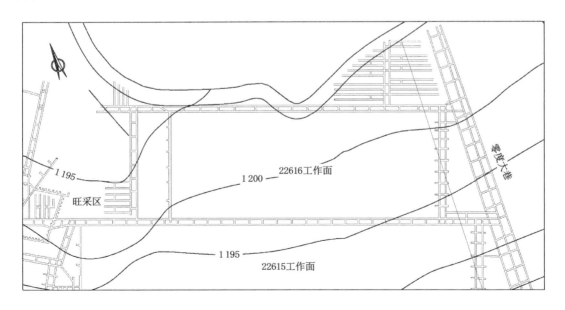

图 3-1　22616 工作面位置示意图

3.2　煤岩物理力学参数

3.2.1　吸水特性

3.2.1.1　吸水率测定

根据《煤和岩石物理力学性质测定方法》(GB/T 23561—2009)采取 22616 工作面煤岩试样。首先,将煤岩试样放置于 105～110 ℃的烘干箱内干燥 24 h,取出冷却至室温后称重;然后,将试样放入量杯中,每隔 2 h 加水,全部淹没试样后定时称重,如图 3-2 所示;最后,根据式(3-1)计算煤岩吸水率。

$$\omega = \left(\frac{g_1}{g_2} - 1\right) \times 100\% \tag{3-1}$$

式中　ω——煤岩吸水率;

　　　g_1——煤岩饱和吸水后的质量,g;

　　　g_2——煤岩烘干后的质量,g。

(a)干燥　　　　　　　　　　　　　　(b)饱水

图 3-2　煤岩吸水试验

3.2.1.2　结果分析

(1)吸水量

根据煤岩吸水特性测定试验可知煤吸水性最强,吸水率为 18.03%～19.32%,平均吸水率为 18.55%;砂岩吸水性最弱,吸水率为 0.59%～0.72%,平均吸水率为0.66%;泥岩吸水率介于二者之间,吸水率为 3.58%～4.17%,平均吸水率为 3.97%。由于 3 种煤岩试样具有不同的矿物成分和细观结构,吸水特性表现出了显著差异。其中,煤孔隙较大,吸水率最大;泥岩中亲水矿物成分较多,吸水率次之,而砂岩较致密,吸水率最小。

(2)吸水率

煤岩试样吸水率与时间关系曲线如图 3-3 所示,在 24～48 h 内吸水率变化均较快,煤和泥岩吸水量约占总量的 90.1%,砂岩吸水量约占总量的 68.0%;在 48～96 h 内吸水率变化均有所减小,吸水量稳中有增;96 h 以后吸水率基本不再变化。

煤岩吸水率与时间的关系可以用对数函数进行拟合,拟合曲线与实测数据较为吻合,

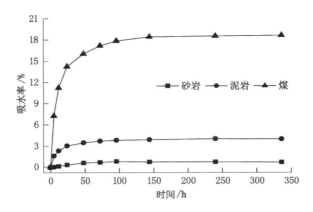

图 3-3　煤岩吸水率与时间的关系曲线

大致可以划分成两个阶段。

第一阶段为初始非线性减速增长阶段,煤岩吸水率逐渐减小,呈现减速增长趋势,吸水量随时间变化规律的拟合方程式为:

$$Q_{t_1} = Q_s(1 - e^{-k_{st}t}) \tag{3-2}$$

式中　Q_{t_1}——减速增长阶段煤岩吸水量,mL;

　　　Q_s——减速增长阶段煤岩饱和时的吸水量,mL;

　　　k_{st}——减速增长阶段煤岩吸水率参数;

　　　t——减速增长阶段煤岩吸水时间,h。

第二阶段为线性等速增长阶段,煤岩吸水速率趋于常数,吸水特征曲线近似为直线,吸水量随时间变化规律的拟合方程式为:

$$Q_{t_2} = Q_{t_0} + k_{s2}(t - t_0) \tag{3-3}$$

式中　Q_{t_2}——等速增长阶段煤岩吸水量,mL;

　　　Q_{t_0}——等速增长阶段起始时刻 t_0 煤岩吸水量,mL;

　　　k_{s2}——等速增长阶段煤岩吸水率参数;

　　　t_0——等速增长阶段起始时间,h。

3.2.2　力学性质

3.2.2.1　试件制作

根据《煤和岩石物理力学性质测定方法》(GB/T 23561—2009)规定采取 22616 工作面煤岩试样,制作煤岩试件,如图 3-4 所示。

3.2.2.2　参数测定

采用微机控制万能试验机和静态数据采集仪开展煤岩力学性质参数测定试验,试验设备如图 3-5 所示。通过试验数据处理、全程应力曲线分析以及相关公式计算,获取煤岩试样视密度、抗拉强度、抗压强度、内聚力、内摩擦角、弹性模量和泊松比,再按 70% 的折减系数换算所测定的煤岩物理力学性质参数,见表 3-1。

图 3-4　煤岩试件

图 3-5　试验设备

表 3-1　煤岩物理力学性质参数

岩层	视密度 ρ /(g/cm³)	抗压强度 σ_c /MPa	抗拉强度 σ_t /MPa	内聚力 C /MPa	内摩擦角 φ /(°)	弹性模量 E/GPa	泊松比 μ
中粒砂岩	2.18	34.5	3.7	6.06	40	24	0.25
细粒砂岩	2.39	46.2	2.9	8.2	42	45	0.27
粉砂岩	2.45	40.1	3.1	9.1	45	23	0.25
泥岩	2.45	39.9	2.0	3.2	35	11	0.3
2^{-2}煤	1.30	10.5	0.75	1.6	38	15	0.35
砂质泥岩	2.43	42.8	2.2	2.3	40	18	0.28

煤矿地下水库储水工程中，天然状态下力学性能良好的煤岩体遇水后会迅速膨胀、崩解和软化，在水的长期物理、化学和应力综合作用下，煤岩力学性质大幅度降低。同理，测得的饱水煤岩物理力学性质参数见表 3-2，与自然煤岩相比，饱水煤岩力学性质参数降幅为 20.5%。

表 3-2　饱水煤岩物理力学性质参数

岩层	视密度 ρ /(g/cm^3)	抗压强度 σ_c /MPa	抗拉强度 σ_t /MPa	内聚力 C /MPa	内摩擦角 φ /(°)	弹性模量 E /GPa	泊松比 μ
中粒砂岩	2.18	27.26	3.41	4.82	39	22.8	0.27
细粒砂岩	2.39	36.49	2.67	6.51	41	42.75	0.29
粉砂岩	2.45	31.67	2.85	7.23	43	21.85	0.28
泥岩	2.45	23.14	0.8	2.54	33	6.38	0.33
2^{-2}煤	1.30	7.69	0.42	1.27	37	10.99	0.37
砂质泥岩	2.43	40.23	1.43	1.83	39	11.16	0.31

3.2.3　细观组构

3.2.3.1　矿物组成测定

根据《煤和岩石物理力学性质测定方法》(GB/T 23561—2009)规定采取 22616 工作面煤岩试样,利用 X 射线衍射分析测定煤岩试样中的矿物成分及其质量分数,见表 3-3。砂岩块以黏土矿物为主,石英次之;泥岩块中黏土矿物含量较砂岩高;煤块中的主要矿物成分为黏土矿物和方解石。

表 3-3　煤岩矿物成分及其质量分数　　　　　　　　　　　　　　　单位:%

试样	黏土矿物	石英	长石	方解石	石盐	赤铁矿
砂岩	49.1	22.7	5.6	12.2	7.5	2.9
泥岩	77.6	16.3	1.6	1.4	1.3	1.8
煤	61.1	13.2	5.5	16.8	—	2.2

(1)对吸水特性的影响

黏土矿物含量是影响煤岩吸水量和吸水率的主要因素之一。试验结果表明:黏土矿物含量相对较高,煤岩吸水量和吸水率相对较低;反之,煤岩吸水量和吸水率相对较高。因此,砂岩和泥岩中黏土矿物含量相对较高,其吸水特性均相对较差。

(2)对力学性质的影响

煤系岩石砂岩和泥岩主要为陆源碎屑岩,不同的矿物成分、含量、颗粒大小、胶结物成分和胶结类型,表现出不同的力学性能。在同等荷载作用下,随着碎屑颗粒含量或石英含量增加,煤岩单轴抗压强度和弹性模量增大,脆性增强。这是由于煤岩在受力变形过程中,各种组成矿物的变形特性存在显著差异。例如,石英、长石等粒柱状矿物质地坚硬、弹性模量大、刚度大和抵抗变形能力强。因此,砂岩中石英含量相对较高,其力学性能较好;泥岩中石英、长石含量相对较低,其力学性质较差;煤中含有较多的有机质,其弹性模量较低。

3.2.3.2　细观结构观测

为研究煤岩细观结构特征对其吸水特性和力学性质的影响,采用 Quanta 200F 场发射扫描电子显微镜对各组煤岩试样分别放大 10 倍、40 倍、100 倍进行观测,煤岩细观结构如图 3-6 所示,具体特征见表 3-4。

（a）砂岩　　　　　　　　　　　　　（b）泥岩

（c）煤

图 3-6　煤岩细观结构

表 3-4　煤岩细观特征

试样	颗粒	孔隙	裂隙	断痕特征
砂岩	边界可见	无	较少	清晰、棱角锐利
泥岩	边界可见	有	有	有片层状结构,有剥离的痕迹
煤	边界可见	有	有	粗糙、有刮擦痕迹

（1）对吸水特性的影响

煤岩细观结构主要是指煤岩的孔隙结构,孔隙的几何形状、大小、分布及其相互连通关系,在很大程度上影响着煤岩的吸水特性。孔隙率大的煤岩吸水量相对大,吸水率相对高。反之,吸水量相对小,吸水率相对低。孔隙通道有效半径相对大,吸水率相对高;反之,吸水率相对低。煤孔隙发育,吸水特性显著,砂岩致密,泥岩孔隙胶结,吸水特性均较差。

（2）对力学性质的影响

裂隙基本不具有承拉能力,且会降低颗粒之间的黏结度,表现为煤岩抗拉强度和内聚力较低;颗粒较大,对应内摩擦角较大;面理结构可引起各向异性,平行面理方向强度较小,垂直面理方向强度较大;断痕清晰,棱角锐利,反映煤岩具有较大的刚度和较高的脆性。因此,砂岩结构致密,面理结构局部发育,颗粒交界处存在裂隙,强度较高;泥岩为孔隙胶结,颗粒间呈点状接触,胶结物含量少,充填碎屑颗粒之间的空隙,对其力学性能的影响显著,强度次之;煤断面粗糙且有波纹状结构,表明断裂过程中有延滞和摩擦发生,反映煤的低刚度和延性特点,强度较低。

3.3 煤岩承载变形规律

3.3.1 松散煤岩碎胀特性

(1)试验方案

破碎砂岩、泥岩和煤试样成块体,筛分出不同块度,以分析不同强度和块度条件下的煤岩碎胀特性。

(2)试验原理

将破碎岩块或煤块装入体积固定的量桶称取质量,利用质量算出岩石或煤破碎前的体积,两体积之比为岩样或煤样的碎胀系数。

(3)试验仪器

捣碎筒、不同规格筛子、量桶、电子秤等。

(4)试验方法

① 采用捣碎筒将现场采取的砂岩、泥岩和煤试样捣碎,碎块形状随机。

② 根据 W. G. Holtz 等的研究结果,试验容器(量桶或钢筒)尺寸与煤岩最大块度之间的关系为 $d_{max} \leqslant D/5$,即对试验结果无影响。因此,试验选取碎块最大块度为 40 mm。使用自制的 0~10 mm、10~20 mm、20~30 mm 和 30~40 mm 规格筛子分选出不同块度碎块,如图 3-7 和图 3-8 所示。

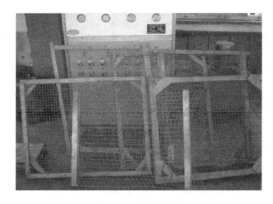

图 3-7 自制筛网

③ 利用量桶分别装满 0~10 mm、10~20 mm、20~30 mm、30~40 mm 和 0~40 mm (等比例混合)块度散体碎块,体积为 V',质量为 m,根据公式 $V = m/\rho$ 计算碎块实体体积,如图 3-9 和图 3-10 所示。

④ 运用公式 $K_{si} = V'/V$ 计算每桶松散块体碎胀系数,多次试验获取煤岩碎胀系数 $K_s = \dfrac{1}{n} \sum_{i=1}^{n} K_{si}$。

破碎砂岩、泥岩和煤试样成块体,筛分出不同块度,以分析不同强度和块度条件下的煤岩碎胀特性。矿区砂岩、泥岩和煤的平均密度分别为 2 350 kg/m³、2 450 kg/m³ 和

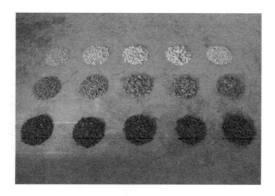

图 3-8　筛分煤岩试样

图 3-9　量桶装样

图 3-10　试样称重

1 300 kg/m³，每组试验均取 3 次试验结果的平均值。根据煤岩碎胀系数试验数据绘制不同块度砂岩、泥岩和煤的碎胀系数柱状图，如图 3-11 至图 3-13 所示。

由图 3-11 可以看出：砂岩 0～10 mm 块度平均碎胀系数为 1.699，10～20 mm 块度平均碎胀系数为 1.748，20～30 mm 块度平均碎胀系数为 1.8，30～40 mm 块度平均碎胀系数为 1.827，砂岩碎胀系数随着破碎块度增大而增大，二者成正比。而 0～40 mm 混合块度平均

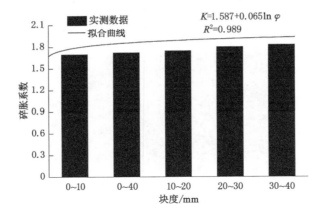

图 3-11　砂岩碎胀系数与块度关系曲线

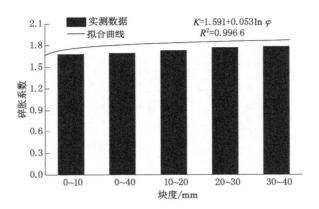

图 3-12　泥岩碎胀系数与块度关系曲线

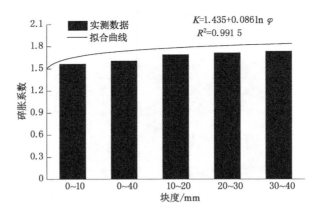

图 3-13　煤碎胀系数与块度关系曲线

碎胀系数为 1.723,介于 0～10 mm 与 10～20 mm 块度碎胀系数之间。这可以理解为混合块度中较大碎块容易形成大骨架结构,较小碎块不能完全充填骨架空隙,而单一块度碎块块度越小,碎块差别越不明显,很难形成大骨架结构,大小碎块依次充填相应空隙,空隙越小,碎胀系数越低。

运用麦夸特法和通用全局优化法对砂岩碎胀系数与块度关系进行拟合,得到关系式为:

$$K = 0.065\ln \varphi + 1.587 \quad (|R| = 0.994\,5, \varphi \in [1,40]) \tag{3-4}$$

式中　K——碎胀系数;

φ——破碎块度。

由图 3-12 可以看出:泥岩 0～10 m 块度平均碎胀系数为 1.679,10～20 m 块度平均碎胀系数为 1.728,20～30 m 块度平均碎胀系数为 1.767,30～40 m 块度平均碎胀系数为 1.78,泥岩碎胀系数随破碎块度增大而增大,二者成正比。而 0～40 m 混合块度平均碎胀系数为 1.691,介于 0～10 mm 与 10～20 mm 块度碎胀系数之间。

运用麦夸特法和通用全局优化法对泥岩碎胀系数与块度关系进行拟合,得到关系式为:

$$K = 0.053\ln \varphi + 1.591 \quad (|R| = 0.998\,3, \varphi \in [1,40]) \tag{3-5}$$

由图 3-13 可以看出:煤 0～10 m 块度平均碎胀系数为 1.566,10～20 m 块度平均碎胀系数为 1.688,20～30 m 块度平均碎胀系数为 1.711,30～40 m 块度平均碎胀系数为 1.733,煤碎胀系数随着破碎块度增大而增大,二者成正比。而 0～40 m 混合块度平均碎胀系数为 1.605,介于 0～10 mm 与 10～20 mm 块度碎胀系数之间。

运用麦夸特法和通用全局优化法对煤碎胀系数与块度关系进行拟合,得到关系式为:

$$K = 0.086\ln \varphi + 1.435 \quad (|R| = 0.995\,7, \varphi \in [1,40]) \tag{3-6}$$

因此,砂岩、泥岩和煤的碎胀系数见表 3-5。砂岩、泥岩和煤具有不同强度,其中砂岩强度最大,泥岩强度居中,煤强度最小。根据不同强度条件下煤岩碎胀系数试验数据绘制 3 种试样的碎胀系数与块度的关系曲线,如图 3-14 所示。松散状态下砂岩、泥岩和煤的碎胀系数分别为 1.587～1.828、1.561～1.787 和 1.435～1.753,相同块度、不同强度煤岩碎胀系数存在一定差异,随着强度增大而增大,即松散状态下煤岩碎胀系数与强度成正比。这可以解释为煤岩强度大,碎块磨圆度差,棱角明显,空隙大;煤岩强度小,碎块磨圆度较好,棱角不明显,空隙小。此外,对比自然和饱水状态下的煤岩碎胀系数发现二者在数值上相差较小,基本可以忽略不计。

表 3-5　煤岩碎胀系数统计

岩性	块度				
	0～10 mm	0～40 mm	10～20 mm	20～30 mm	30～40 mm
砂岩	1.699	1.723	1.748	1.8	1.827
泥岩	1.679	1.691	1.728	1.767	1.78
煤	1.566	1.605	1.688	1.711	1.733

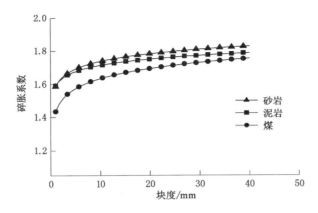

图 3-14　煤岩碎胀系数与块度的关系曲线

综上所述,无论是自然状态还是饱水状态,松散砂岩、泥岩和煤的碎胀系数均随着块度增大而增大。不同强度煤岩碎胀系数存在显著差异,相同块度煤的碎胀系数最小,泥岩居中,砂岩最大。

3.3.2　加载煤岩变形特性

（1）试验方案

采用万能试验机对自然状态下 5 种块度的砂岩、泥岩和煤碎块分别进行加载,研究不同强度和块度的煤岩压实特性。

（2）试验原理

煤岩碎块加载过程中,压实后体积与破碎前完整体积之比表示残余碎胀系数。

（3）试验设备

微机控制万能试验机、钢筒、应变片、应力传感器、电阻位移计、游标卡尺等。

（4）试样制备

将煤岩碎胀特性试验中筛分好的试样放置在室内自然干燥 7 d,称取 2 份同等质量试样,其中一份不做任何处理,作为自然试样。

（5）试验方法

圆柱形钢筒内径为 200 mm、壁厚为 10 mm、高度为 400 mm,圆形承压钢板直径为 198 mm,厚度为 30 mm,钢筒和钢板材质均为淬火处理 45$^\#$钢;利用微机控制万能试验机进行加载,500 t 量程应力传感器记录加压荷载;行程为 100 mm 的电阻位移计测量压实变形,如图 3-15 所示。具体步骤如下:

① 称取试样质量 m,根据 $V = m/\rho$ 求出试样原始体积。

② 将试样装入特制的大内径厚壁刚性圆筒,为了减小筒壁摩擦,装填前对壁面覆盖减摩擦纸或涂抹润滑油。

③ 利用游标卡尺测量散体试样起始高度 H,运用 $V' = S \cdot H$ 计算散体试样初始体积,S 为圆筒内腔横截面面积。

④ 采用微机控制万能试验机以 1~2 kN/s 的加载速度加载配套刚性圆板来压实圆筒内松散试样,设定最大荷载 $P_{max} = 5$ MPa,约为 2.5 倍原岩应力。

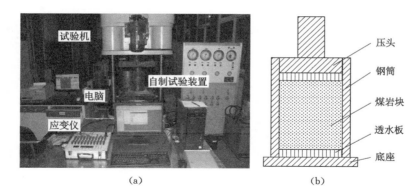

图 3-15　试验装置

⑤ 记录不同荷载刚性圆板压缩位移 ΔL，利用 $\Delta V = S \cdot \Delta L$ 计算试样体积变化量。

⑥ 运用 $k_p = (V' - \Delta V)/V$ 计算加载状态下试样残余碎胀系数。

⑦ 按照上述步骤分别测定不同块度砂岩、泥岩和煤的残余碎胀系数，通过式（3-7）计算多次试验结果平均值，作为最终试验结果。

$$\overline{n} = \frac{1}{n}\sum_{i=1}^{n} n_i \tag{3-7}$$

（6）自然状态

砂岩破碎前体积为 0.004 26 m³，压实容器横截面面积为 0.031 4 m²，0～10 mm 块度试样平均装样高度为 0.230 5 m，体积为 0.007 238 m³；10～20 mm 块度试样平均装样高度为 0.237 1 m，体积为 0.007 446 m³；20～30 mm 块度试样平均装样高度为 0.244 2 m，体积为 0.007 668 m³；30～40 mm 块度试样平均装样高度为 0.247 9 m，体积为 0.007 783 m³；0～40 mm 混合块度试样的平均装样高度为 0.233 8 m，体积为 0.007 34 m³。

泥岩破碎前体积为 0.004 08 m³，压实容器横截面面积为 0.031 4m²，0～10 mm 块度试样平均装样高度为 0.218 2 m，体积为 0.006 85 m³；10～20 mm 块度试样平均装样高度为 0.224 5 m，体积为 0.007 05 m³；20～30 mm 块度试样平均装样高度为 0.229 6 m，体积为 0.007 21 m³；30～40 mm 块度试样平均装样高度为 0.231 3 m，体积为 0.007 26 m³；0～40 mm 混合块度试样平均装样高度为 0.219 7m，体积为 0.006 9 m³。

煤破碎前体积为 0.003 85 m³，压实容器横截面面积为 0.031 4 m²，0～10 mm 块度试样平均装样高度为 0.192 m，体积为 0.006 029 m³；10～20 mm 块度试样平均装样高度为 0.207 m，体积为 0.006 499 m³；20～30 mm 块度试样平均装样高度为 0.209 8 m，体积为 0.006 587 m³；30～40 mm 块度试样平均装样高度为 0.212 5 m，体积为 0.006 672 m³；0～40 mm 混合块度试样平均装样高度为 0.196 8 m，体积为 0.006 179 m³。

① 强度与残余碎胀系数的关系

为了比较不同强度岩体压实特性，分别加载不同块度砂岩、泥岩和煤试样至 5 MPa。同组试验重复 3 次，取 3 次试验结果的平均值，绘制不同强度岩体应力-残余碎胀系数关系曲线，如图 3-16 所示。压实过程中，3 种试样碎胀系数变化趋势大体一致，均可以用对数函数来描述。碎块压实变形主要是碎块流动造成的，并非碎块自身变形，不同强度煤岩散体间可供碎块流动的空隙空间不同。因此,相同应力增量所引起的空隙压缩量不同,表现出应力与残余碎胀系数之间的非线性关系。

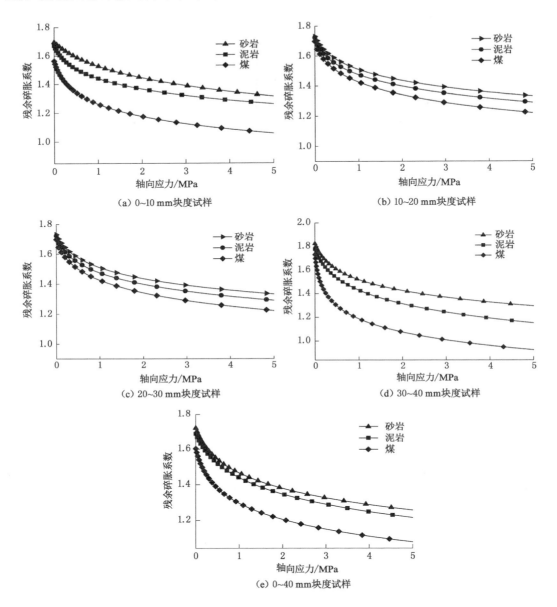

图 3-16　不同强度煤岩试样应力-残余碎胀系数关系曲线

　　煤岩试样压实过程中残余碎胀系数非线性变化大致可以分为三个阶段:第一阶段为快速减小阶段。在加载初期,松散煤岩碎块之间存在大量空隙,抵抗变形能力较弱,碎块流动,重新调整接触状态。随着轴向应力的增大,碎块旋转、移动,迅速充填块间空隙。同时,碎块棱角相互咬合形成比较紧凑的骨架。因此,这个阶段煤岩试样在较低应力作用下产生显著的压缩变形,空隙快速闭合,残余碎胀系数随轴向应力增大线性减小。第二阶段为缓慢减小阶段。煤岩试样经过初期压缩,空隙减小、密度增大,较大块度碎块形成的稳定骨架具有一定的承载能力,抵抗变形能力增强,空隙压缩需要更大的轴向应力,当持续增大的轴向应力超过煤岩强度,碎块发生破碎并充填剩余空隙。因此,该阶段煤岩试样空隙以不可逆压缩为主,残余碎胀系数降幅逐渐减小,呈现明显下凹趋势。第三阶段为压实稳定阶段。煤岩试样经历了第二阶段压实,大块度碎块骨架结构进一步加固,空隙被充填密实,碎块散体介质特性消失,逐渐向连续介质转换。因此,该阶段煤岩试样残余碎胀系数随应力增大而趋于稳定。另外,在相同轴向应力作用下砂岩碎胀系数变化最小,泥岩居中,煤最大。同时,发现煤压实后的残余碎胀系数小于1。究其原因主要是煤强度低、空隙大,持续加载时煤自身孔隙压缩,轴向应力超过煤块抗压强度,煤块被压碎充填碎块间的空隙。

② 块度与残余碎胀系数的关系

不同块度砂岩、泥岩和煤试样在轴向应力作用下的残余碎胀系数变化曲线如图 3-17 所示。

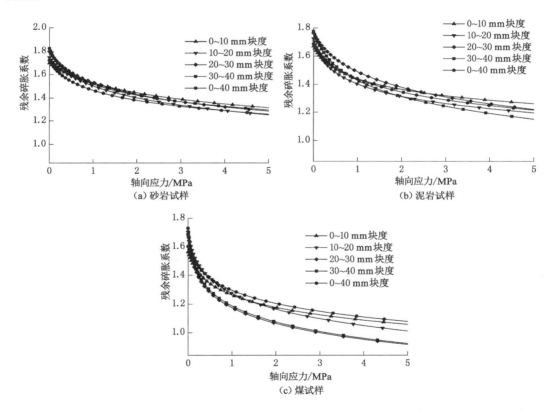

图 3-17　不同块度煤岩试样轴向应力-残余碎胀系数关系曲线

由图 3-17 可以看出:不同块度砂岩、泥岩和煤压实过程中的碎胀系数变化趋势基本一致;相同轴向应力作用下砂岩、泥岩和煤的残余碎胀系数均随着块度增大而增大;块度对煤的残余碎胀系数的影响最显著,泥岩居中,砂岩最小;混合块度试样的残余碎胀系数介于各单一块度试样之间,且仅大于 0～10 mm 块度试样的残余碎胀系数,表明小块度试样空隙较小;块度越大,碎块间空隙越大;块度均匀程度越高,碎块间空隙越大。

综上所述,为了直观反映强度和块度对煤岩试样残余碎胀系数的影响,对 3 种试样碎胀系数变化进行量化处理。煤岩碎胀系数变化量见表 3-6。

表 3-6　不同条件下自然煤岩试样碎胀系数变化量统计

岩性	块度				
	0～10 mm	0～40 mm	10～20 mm	20～30 mm	30～40 mm
砂岩	0.355	0.425	0.449	0.461	0.492
泥岩	0.36	0.41	0.454	0.461	0.525
煤	0.457	0.468	0.595	0.691	0.696

（7）饱水状态

① 强度与残余碎胀系数的关系

饱水状态下不同强度的煤岩试样加载至 5 MPa,每组试验重复 3 次然后取平均值,绘制不同块度砂岩、泥岩和煤的应力-残余碎胀系数关系曲线,如图 3-18 所示。

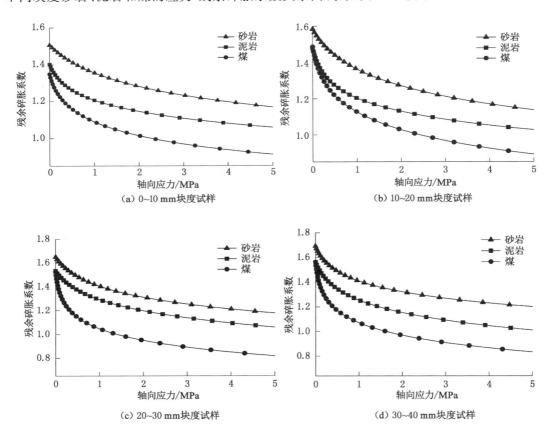

图 3-18　不同强度饱水煤岩试样应力-残余碎胀系数关系曲线

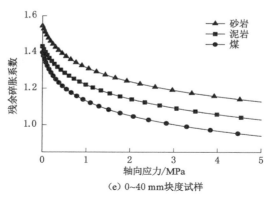

(e) 0~40 mm块度试样

图 3-18(续)

　　饱水状态煤岩试样碎胀系数变化趋势与自然状态较为相似。加载初期，松散碎块空隙压缩显著，残余碎胀系数随着轴向应力增大而快速减小；荷载持续增大，碎块棱角磨合，空隙压实，空隙弥合所需荷载增加，碎胀系数降幅缓慢减小直至稳定。由于水的软化和润滑作用，饱水煤岩试样抵抗变形的能力减弱，压缩量增大，残余碎胀系数明显降低。饱水砂岩碎胀系数变化量为 0.382~0.53，与自然状态时相比增幅为 7.61%~11.28%，平均增幅为9.45%；泥岩碎胀系数变化量为 0.41~0.627，与自然状态时相比增幅为 13.89%~19.43%，平均增幅为 16.67%；煤碎胀系数变化量为 0.506~0.807，与自然状态相比增幅为 10.72%~15.95%，平均增幅为 13.34%。

　　② 块度与残余碎胀系数的关系

　　饱水状态时不同块度煤岩试样碎胀系数变化趋势与自然状态下基本接近，如图 3-19 所示。砂岩 0~10 mm 块度残余碎胀系数为 1.31，碎胀系数变化量为 0.382，与自然状态时相比增幅为 7.61%；10~20 mm 块度残余碎胀系数为 1.25，碎胀系数变化量为 0.495，与自然状态时相比增幅为 8.94%。

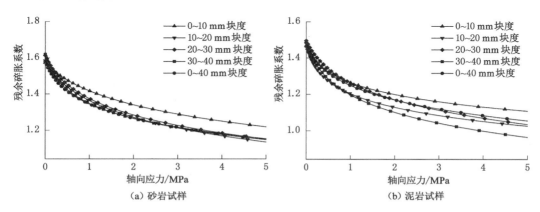

(a) 砂岩试样　　　　　　　　　　　　　　(b) 泥岩试样

图 3-19　不同块度饱水煤岩试样应力-残余碎胀系数关系曲线

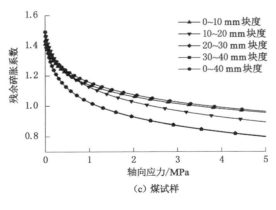

(c) 煤试样

图 3-19（续）

20～30 mm 块度残余碎胀系数为 1.28,碎胀系数变化量为 0.513,与自然状态时相比增幅为 10.25%;30～40 mm 块度残余碎胀系数为 1.29,碎胀系数变化量为 0.53,与自然状态时相比增幅为 11.28%;0～40 mm 块度残余碎胀系数为 1.26,碎胀系数变化量为 0.463,与自然状态时相比增幅为 7.72%。同理,泥岩 0～10 mm、10～20 mm、20～30 mm、30～40 mm、0～40 mm 块度残余碎胀系数分别为 1.26、1.22、1.21、1.15、1.22,碎胀系数变化量分别为 0.41、0.53、0.544、0.63、0.627,与自然状态时相比增幅分别为 13.89%、15.37%、16.74%、19.43%、18.01%。煤 0～10 mm、10～20 mm、20～30 mm、30～40 mm、0～40 mm 块度残余碎胀系数量分别为 1.08、1.01、0.92、0.91、1.05,碎胀系数变化量分别为 0.506、0.674、0.792、0.807、0.524,与自然状态时相比增幅分别为 10.72%、11.97%、13.28%、15.95%、14.62%,见表 3-7。

表 3-7 不同条件下饱水煤岩试样碎胀系数变化量统计

岩性	块度				
	0～10 mm	0～40 mm	10～20 mm	20～30 mm	30～40 mm
砂岩	0.382	0.463	0.495	0.513	0.53
泥岩	0.41	0.473	0.53	0.544	0.627
煤	0.506	0.524	0.674	0.792	0.807

在相同轴向应力作用下,砂岩、泥岩和煤试样的碎胀系数变化均随着块度增加而增大;块度对煤的残余碎胀系数的影响最显著,泥岩居中,砂岩最小;混合块度试样碎胀系数变化介于各单一块度试样之间。

综上所述,碎胀系数除了与煤岩应力、强度和块度有关外,还与含水状态有关。同时,试验结果表明:无论煤岩强度、块度与饱水状态如何,碎胀系数与轴向应力之间均呈对数关系。

$$k_p = g\ln P + f \qquad (3-8)$$

式中　k_p——碎胀系数;

　　　P——轴向应力,MPa;

g,f——回归系数。

3.3.3　恒载煤岩蠕变特性

采用自行研制的应力-水岩作用试验装置进行水库煤岩体恒载压实试验,试验装置如图 3-20 所示,主要由杠杆加压系统、压力监测系统、压料箱体、供水系统以及位移监测系统组成。

图 3-20　煤岩恒载压实试验装置

根据煤岩块筛分试验得到的煤岩块平均级配曲线(图 3-21)中各煤岩块尺寸、比例,将不同块度煤岩按比例充分混合搅拌均匀。将混合均匀的煤岩铲入压料筒内,装料高度距压料筒上沿约 40 mm,施加恒定荷载 5 MPa。压料箱内壁涂抹润滑油,以降低箱壁摩擦力。

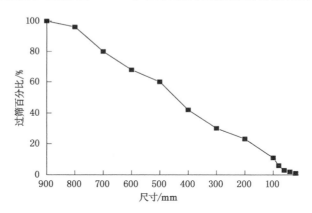

图 3-21　煤岩块平均级配曲线

根据试验数据绘制恒载作用下煤岩块二次稳定阶段碎胀系数与时间的关系曲线,如图 3-22 所示。恒定荷载持续作用下,煤岩碎胀系数逐渐减小,碎胀系数与荷载作用时间呈非线性关系:

$$k_p = -0.007\ 3\ln t + 1.346\ 1 \tag{3-9}$$

煤岩体碎胀系数与荷载作用时间呈负对数关系,按此试验数据推算,相对于最初时刻($t=1$),1 年后碎胀系数降低 4.92%,10 年后碎胀系数降低 6.17%,50 年后碎胀系数降低 7.04%。

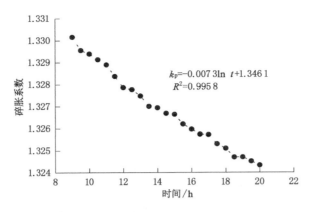

图 3-22 煤岩体碎胀系数-时间关系曲线

3.3.4 水岩-应力耦合作用

现场采集 22616 工作面采空区矿井水,实验室检测矿井水的水质,检测结果见表 3-8。矿井水是一种无机、无毒的生产废水,受井下煤粉和黏土颗粒污染而呈黑色。煤粉中易氧化矿物(如黄铁矿)与水作用,氧化产生酸性离子和金属离子,pH 值降低。随后,方解石和白云石等与水中酸发生作用,使矿井水钙、镁离子增加,pH 值升高。

表 3-8 矿井水水质检测结果

检测项目	检测结果	检测项目	检测结果
K^+,Na^+ 浓度/(mg/L)	20.01~425.96	SS/(mg/L)	1 066
Ca^{2+} 浓度/(mg/L)	34.47~55.31	COD/(mg/L)	189.9
Mg^{2+} 浓度/(mg/L)	2.43~23.81	BOD_5/(mg/L)	73.59
Cl^- 浓度/(mg/L)	4.0~555.0	色度/(mg/L)	9.1
SO_4^{2-} 浓度/(mg/L)	14.0~100.0	悬浮物/(mg/L)	30
HCO_3^- 浓度/(mg/L)	165.97~268.47	浊度(NTU)	10
侵蚀性 CO_2/(mg/L)	4.61~6.92	铁离子含量/(mg/L)	6.5
总硬度(德国度)	5.38~11.10	锰离子含量/(mg/L)	0.16
pH	7.40~11.66	永久硬度(德国度)	0

注:SS 表示悬浮物;COD 表示化学需氧量;BOD_5 表示生化需氧量。

同时,由于矿区主采煤层硫含量小于 1%,主要以硫化物硫和有机硫为主,而煤中有机质总量大于 94% 且以黏土类及碳酸盐类矿物为主,因此,矿井水为中性或弱碱性。煤岩是一种由矿物质、胶结物、孔洞和裂纹组成的非均质各向异性复合材料,其内部孔隙、裂隙等细观结构对煤岩力学性能具有重要影响。可以认为,煤岩在加载过程中的变形破坏是其内部组构变化的外观表现,尤其是应力-水岩作用下煤岩细观组构的改变是其宏观力学性能劣化的主要原因。为此,通过分析煤岩试样矿物成分及细观结构,揭示应力-水岩作用下煤岩压实变形特性。

应力-水岩作用即矿井水与煤岩体之间的物理、化学和力学效应对煤岩介质状态产生的影响。其中,物理作用主要包括润滑、软化、泥化等过程;化学作用主要包括溶解、水化、水解、酸化、氧化等过程;力学作用主要包括产生静水及超静水压力、流固耦合等过程。

3.3.4.1　矿物成分作用

煤系岩石主要为陆源碎屑岩,不同的矿物成分、含量、颗粒大小以及胶结物成分和胶结类型,均表现出不同的力学性能。在相同荷载作用下,随着碎屑颗粒或石英含量的增加,煤岩单轴抗压强度和弹性模量增大,脆性增强,这主要是由于煤岩试样在受载变形过程中各组成矿物变形特性存在显著差异。例如,石英、长石等粒柱状矿物质地坚硬,弹性模量大,刚度和抵抗变形能力强。砂岩以黏土矿物为主,石英含量次之;泥岩中黏土矿物含量较砂岩高;煤中的主要矿物成分为黏土矿物和方解石。因此,砂岩中石英含量相对较高,其力学性能较好;泥岩中石英、长石含量相对较低,耐崩解性强,力学性质较差;煤中含有较多的有机质,其强度较低。当然,黏土矿物还是影响饱水煤岩力学强度的主要因素之一,见表 3-3。

煤岩试样浸矿井水经历了黏土矿物膨胀、孔隙充填和非协调变形三个阶段。煤岩膨胀性随着膨胀变形增大而减小;煤岩内部结构随膨胀变形增大而破坏,即煤岩内部颗粒之间出现裂隙,胶结应力减小,随时间不断发展,最终趋于稳定。当黏土矿物含量较大的煤岩试样浸矿井水时,若 $\sigma_1 > \sigma_2 + \sigma_3$($\sigma_1$ 为黏土矿物颗粒膨胀应力,σ_2 为胶结应力,σ_3 为外部环境对黏土矿物的约束应力),即膨胀应力大于矿物颗粒周围束缚力,表现为结构变形和损伤持续积累,否则膨胀终止。因此,水岩-应力作用下煤岩试样强度弱化过程如图 3-23 所示。

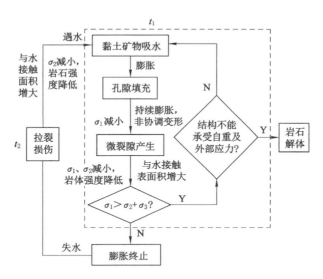

注:t_1 为黏土矿物吸水膨胀作用时间;t_2 为黏土矿物失水拉裂损伤作用时间。

图 3-23　水岩作用示意图

首先,煤岩试样黏土矿物中各种亲水离子吸水膨胀,填充孔隙。由于矿物结构分布不均匀,膨胀矿物周围产生偏应力和张应力,产生大量裂隙。在黏土矿物含量不大或结构胶结较好的煤岩试样浸矿井水的情况下,$\sigma_1 < \sigma_2 + \sigma_3$,膨胀颗粒被束缚于煤岩结构中,但是膨胀过程内部结构仍会存在一定损伤,煤岩参数及其结构对矿物颗粒的约束能力降低。若水

环境不变,经过时间 t_1,膨胀变形停止;若水环境改变,煤岩内部膨胀矿物失水收缩,进一步造成岩石结构拉裂损伤(若岩石失水后环境未变化,拉裂损伤同样存在时间效应),煤岩试样内部暴露孔隙增多,再次浸矿井水时更多表面暴露,大量水分进入煤岩,加剧物理、化学反应。依照上述过程不断循环,煤岩损伤逐渐积累,强度降低,甚至破坏。同时,黏土矿物颗粒较小,亲水性强,与水相互作用期间,水分子进入层状黏土矿物颗粒之间形成极化的水分子层,这些水分子层又不断吸水扩层,使黏土矿物颗粒外部膨胀,颗粒表面张力减弱,强度降低。这说明煤岩遇水软化程度随黏土矿物含量增加而加剧,当黏土矿物含量达到一定值时,饱和煤岩强度大幅度降低。另外,矿井水还能溶解某些矿物成分,使蒙脱石吸水膨胀产生不均匀应力。所以,泥岩遇水时强度弱化最显著。

3.3.4.2 细观结构作用

裂隙基本不具有承拉能力且容易降低颗粒之间的黏结度,宏观表现为煤岩抗拉强度和黏聚力较低;颗粒较大,对应内摩擦角较大;面理结构可引起各向异性,平行于面理方向强度低,垂直面理方向强度高;断痕清晰,棱角锐利,反映了煤岩具有较大的刚度和高脆性。煤岩细观结构如图 3-6 所示,煤岩试样细观结构均较为致密,多呈团块状,断面较为光滑,有一定的规则性,孔隙发育较弱。其中,砂岩结构致密,面理结构局部发育,颗粒交界处存在裂隙,强度较高;泥岩为孔隙胶结,颗粒之间呈点状接触,胶结物含量少,充填碎屑颗粒之间的空隙,对其力学性能影响显著,强度次之;煤断面粗糙且有波纹状结构,表明断裂过程中发生延滞和摩擦,反映煤的低强度、低刚度和低延性特点。当然,煤岩细观结构主要是指煤岩的孔隙结构,其几何形状、大小、分布及相互连通关系,在很大程度上影响煤岩的水理性质。矿井水浸泡煤岩试样使矿物颗粒内溶孔发育,并有明显溶蚀孔隙和缝隙,孔隙连通性良好,且结构较浸泡前疏松,呈碎屑状。长期处于浸矿井水状态,矿井水进入煤岩裂、孔隙内部,黏土矿物细小,岩粒吸附水膜增厚,引起煤岩体积膨胀、结构疏松,削弱了颗粒之间黏结力,煤岩强度降低;同时,在外力加载作用下煤岩孔、裂隙中的水压增大,产生附加应力,触发煤岩内部裂隙尖端扩展强度降低,严重影响煤岩碎胀特性。当然,矿井水离子环境复杂,含量也非常高,这使得微裂隙与溶液之间进行大量离子交换,破坏其部分化学键,进而破坏其微观结构,且矿井水矿化度越高,离子成分越复杂,破坏作用越明显。另外,矿井水自身的 pH 值和 Eh 值(氧化还原电位)对细观裂隙的破坏也有影响。

3.3.4.3 尺寸作用

煤岩是一种由矿物质、胶结物、孔隙和裂隙组成的非均质、各向异性的复合材料,内部孔隙、裂隙等细观结构对煤岩力学性能具有重要影响。可以认为:煤岩块试样在加载过程中的变形特性是其内部结构变化的外观表现,尤其是煤矿地下水库中在应力-水岩作用下煤岩块细观结构的改变是其宏观形变的主要诱因。因此,考虑煤岩材料力学属性宏细观之间的关系,通过分析煤岩块内部矿物成分及结构特征,探究煤矿地下水库煤岩在应力-水岩作用下变形响应的尺寸效应。

(1)矿物成分

煤系岩石主要为陆源碎屑岩,不同的矿物元素、含量、颗粒大小以及胶结物组分和胶结类型,均表现出不同的力学性能。在相同荷载条件下,随着碎屑颗粒或石英含量增加,煤岩单轴抗压强度和弹性模量增大,脆性增强,这主要是因为煤岩块试样在受载压缩过程中各组成矿物变形特性存在显著差异。例如,石英、长石等粒柱状矿物质地坚硬,抵抗变形能力强,弹性模量大。利用 X 射线衍射分析测定煤岩块试样矿物成分,见表 3-3。

砂岩块以黏土矿物为主,石英含量次之;泥岩块中黏土矿物含量较砂岩高;煤块中的主要矿物成分为黏土矿物和方解石。由此可以判断:砂岩块中石英含量相对较高,力学性能较好;泥岩块中石英、长石含量相对较低,耐崩解性和力学性质较差;煤块中含有的较多有机质使其强度大幅度降低。当然,黏土矿物还是影响饱水煤岩块强度的主要因素之一。煤岩块试样浸入矿井水,较小的黏土矿物颗粒亲水性强,与矿井水相互作用期间,矿井水分子进入层状黏土矿物颗粒间形成极化的水分子层,这些水分子层又不断吸水扩层,使黏土矿物颗粒外部膨胀。若 $\sigma_1 > \sigma_2 + \sigma_3$($\sigma_1$ 为黏土矿物颗粒膨胀应力,σ_2 为胶结应力,σ_3 为外部环境对黏土矿物的约束应力),即膨胀黏土矿物颗粒膨胀应力大于周围束缚应力,膨胀黏土矿物颗粒周围产生偏应力和张应力,形成大量孔隙、裂隙。煤岩块试样内部暴露表面增多,大量矿井水进入煤岩块内部,加剧物理、化学反应。依照上述过程不断循环,煤岩块损伤逐渐积累,强度降低甚至破坏。另外,矿井水还能够溶解某些其他矿物成分,使蒙脱石吸水膨胀产生不均匀应力。所以,泥岩块试样遇水强度弱化最显著。

（2）结构特征

采用 Quanta 200F 场发射扫描电子显微镜对各组煤岩块试样分别放大 10 倍、40 倍、100 倍进行观测,如图 3-6 所示,煤岩块试样细观结构多呈团块状,断面相对平整,有一定的规则性,孔隙、裂隙弱发育。其中,砂岩块结构致密,面理结构局部发育,颗粒交界处存在裂隙,强度较高;泥岩块为孔隙胶结,颗粒之间呈点状接触,胶结物含量少,充填碎屑颗粒间的空隙,对力学性能影响显著,强度次之;煤块断面粗糙,且有波纹状结构,表明断裂过程中发生延滞和摩擦,反映了煤块的低强度、低刚度和延性差特点。煤岩块细观结构主要是指内部孔隙、裂隙结构,其几何形状、大小、分布及相互连通关系,在很大程度上影响煤岩块的水理性质。矿井水浸泡煤岩块试样矿物颗粒内溶孔发育,并有明显溶蚀孔隙和裂隙,孔隙、裂隙连通性良好,且结构较浸泡前疏松,呈碎屑状。长期处于浸润矿井水条件下,矿井水进入煤岩块孔隙、裂隙内,黏土矿物细小岩粒吸附水膜增厚,引起煤岩块体积膨胀、结构疏松,削弱颗粒间黏结力,煤岩块强度降低;同时,在应力作用下煤岩块孔隙、裂隙中的水压力增大,产生附加应力,触发煤岩块内部孔隙、裂隙尖端扩展,强度减弱,变形加剧。当然,矿井水离子复杂,含量丰富,煤岩块试样孔隙、裂隙与溶液之间产生大量离子交换,部分化学键被破坏,细观结构发生改变,且矿井水矿化度越高,离子成分越繁多,破坏作用越明显。另外,矿井水自身的 pH 值和 Eh 值对孔隙、裂隙等细观结构的破坏也有影响。

（3）尺寸效应

煤岩是由大量大小不同、形状各异的矿物颗粒组成的集合体,且在漫长地质作用下其内部形成了大量孔隙、裂隙等原生细观结构。假设煤岩块试样内部有两个相邻的微小单元 A 和 B,二者尺寸相同,强度分别为 σ_A 和 σ_B。如果二者均为均质材料,则 $\sigma_A = \sigma_B$,不管 A、B 是串联组合还是并联组合,综合强度都不会改变。但是如果煤岩块内部存在孔隙、裂隙等细观结构,煤岩块细观力学性能不均衡,$\sigma_A \neq \sigma_B$。在应力-水岩作用下,当 A 达到极限强度 σ_A 时,B 尚未达到峰值或已经屈服弱化,应力值小于 σ_B。由于 A 和 B 不能同时达到各自的峰值强度,综合强度小于二者的平均值。因此,煤岩作为一种典型的非均质、各向异性介质,其强度具有明显的尺寸效应。小块度煤岩块试样包含细观结构少,自身强度大,抵抗压缩变形能力强。

另外,应力加载条件下饱水煤岩块试样端面摩擦作用也具有十分显著的尺寸效应。假定煤岩块 l 与其他煤岩块之间存在 n 个接触面,承载条件下第 i 个接触对应的作用力和接触面积分别为 P_i,$\delta_i(i=1,2,\cdots,n)$。选取煤岩块 l 某一接触面 A 为研究对象,假定有 m 个接触,则 $m \leqslant n$,如图 3-24 所示。

图 3-24　承载饱水煤岩块力学模型

接触面 A 上的正应力 σ_A 和剪应力 τ_A 分别为:

$$\sigma_A = \sum_{i=1}^m \sigma_i = \sum_{i=1}^m \frac{P_i}{\delta_i} \cos \alpha_i \qquad (3\text{-}10)$$

$$\tau_A = \sum_{i=1}^m \tau_i = \sum_{i=1}^m \frac{P_i}{\delta_i} \sin \alpha_i \qquad (3\text{-}11)$$

式中　α_i——接触面法线与作用力夹角。

一般情况下,σ_A 对煤岩块的压应力小于煤岩块破损强度 σ_s,不会产生挤压破碎。但是大块度煤岩块接触面之间的摩擦力改变了块体上的应力分布状态,煤岩块棱角或边缘接触的局部软弱截面的破损强度 σ_{sm} 常小于对应的接触挤压应力 σ_{im},煤岩块极易发生尖角折断或微裂缝断裂等破碎,如图 3-24 所示。其中,k 个煤岩块软弱界面因受挤压而破碎、细化,即

$$\sigma_{im}^k \geqslant \sigma_{sm}^k \quad (k = 1,2,\cdots,K) \qquad (3\text{-}12)$$

宏观上,饱水煤岩块棱角和软弱界面因压碎而变形,其总量 ε_1 为:

$$\varepsilon_1 = \sum_{k=1}^K \int (\sigma_{im}^k - \sigma_{sm}^k) \mathrm{d}\zeta_k \qquad (3\text{-}13)$$

式中　ζ_k——压缩柔量,为应变与挤压应力之比。

然而,由于接触面积小,剪应力 τ_k 在煤岩块破损表面上近似均匀分布,则第 k 个接触面上的剪应力对煤岩块 l 重心的力矩 T_k 为:

$$T_k = \tau_k r_k \delta_k \qquad (3\text{-}14)$$

式中　r_k——接触面距煤岩块重心的力矩半径。

通过煤岩块重心某一局部坐标(ξ-η 平面)的所有剪应力力矩矢量之和为:

$$T_{m\xi} = \sum_{k=1}^K T_k \xi_k = \sum_{k=1}^K P_k r_k \xi_k \sin \alpha_k \qquad (3\text{-}15)$$

$$T_{m\eta} = \sum_{k=1}^K T_k \eta_k = \sum_{k=1}^K P_k r_k \eta_k \sin \alpha_k \qquad (3\text{-}16)$$

式中　ξ_k, η_k——局部坐标投影系数,分别等于剪应力在平面 ξ 和 η 上投影值与原始值的比。

在两个力矩作用下,承载饱水煤岩块产生细微转动或滑移,向薄弱空间移动,填充空隙。其应变 ε_2 为:

$$\varepsilon_2 = \sum_{k=1}^{K} \int T_k (\xi_k \, \mathrm{d}\theta_\xi^{(k)} + \eta_k \, \mathrm{d}\theta_\eta^{(k)}) \tag{3-17}$$

式中　θ_ξ, θ_η——剪切柔量,等于应变与剪应力之比。

饱水煤岩块承压变形中的塑性应变 ε 为:

$$\varepsilon = \varepsilon_1 + \varepsilon_2 = \sum_{k=1}^{K} \int (\sigma_{\mathrm{im}}^k - \sigma_{\mathrm{sm}}^k) \, \mathrm{d}\zeta_k + \sum_{k=1}^{K} \int T_k (\xi_k \, \mathrm{d}\theta_\xi^{(k)} + \eta_k \, \mathrm{d}\theta_\eta^{(k)}) \tag{3-18}$$

因此,大块度煤岩块试样端面摩擦作用极易诱发棱角剪切破坏和块体转动,承载饱水煤岩块重新咬合,被进一步压实。而小块度煤岩块试样端面摩擦作用不明显,块体受力较均匀,且端部承载压应力,不易产生破坏和滑移。同时,可以看出 $\varepsilon_2 > \varepsilon_1$,即由滑移填充空隙引起的饱水煤岩块承载变形大于煤岩块软弱界面被压碎引起的变形。当然,对于单位质量煤岩块试样,块度越大,内部细观结构越发育,裸露自由面增多,矿井水岩作用加剧,承载变形明显。综上所述,应力-水岩作用下煤矿地下水库煤岩变形特性的尺寸效应还是较为显著的,在水库的安全、稳定运行管理期间应予以高度重视。

3.4　本章小结

(1)色谱扫描煤岩矿物成分及细观结构,分析二者与吸水特性和力学性质的关系,揭示煤岩组成差异是造成其不同的吸水特性和力学性质的根本原因。

(2)试验测定砂岩吸水率为 0.66%,泥岩吸水率为 3.97%,煤吸水率为 18.55%。同时,测得煤岩物理力学参数,饱水状态下煤岩力学性质明显减弱,较自然状态降幅约为 20.5%。

(3)无论是自然状态还是饱水条件,松散煤岩块试样的碎胀系数均随着块度增大而增大直至趋于稳定,二者满足对数函数关系变化,而混合块度煤岩块试样的碎胀系数介于各单一块度煤岩块试样之间,且相同块度煤块试样的碎胀系数最小,泥岩块试样的居中,砂岩块试样的最大。

(4)加载自然状态或饱水煤岩块试样的应变及碎胀系数与块度之间均呈对数函数曲线形式改变,煤块试样的碎胀系数变化最大,泥岩块试样的居中,砂岩块试样的最小,且饱水煤岩块试样的碎胀系数的变化幅度大。

(5)通过 X 射线衍射和扫描电子显微镜观测了煤岩块试样的矿物成分及细观结构,阐明了煤岩块试样内部组构特征与宏观力学性质之间的相关性,揭示了煤岩碎胀与压实变形的尺寸效应。

第4章　煤矿地下水库覆岩结构特征

煤矿地下水库储水系数主要取决于采空区煤岩体空隙特性,采空区煤岩体是由覆岩弯曲、破断、垮落后堆积而成的,其空隙大小及分布与覆岩结构密切相关。本章拟在试验研究和数值模拟研究浅埋煤层开采覆岩破坏过程的基础上,理论分析煤矿地下水库覆岩的结构特征。

4.1　覆岩运动规律相似试验

浅埋煤层开采覆岩运动是一个复杂的力学问题,具有岩体结构模糊随机性和采动岩体应力、变形非线性等特点,通常采用现场监测、经验公式、理论分析、相似试验与数值模拟等手段进行研究。其中,现场监测具有真实、可靠度大的优点,但是周期长、工作量大、成本高,受现场条件限制明显;经验公式与理论分析虽然简单易用,但是因概化或忽略复杂因素,结果误差较大,且无法呈现覆岩动态变形过程;相似试验恰好可以弥补上述缺陷,真实预演尚未施工的工程特性,掌握现场无法测试的工程性能。另外,通过改变模型相似比还可以有效模拟开采覆岩极为缓慢或稍纵即逝的变化,例如覆岩缓慢下沉和顶板突然破断。

4.1.1　方案设计

（1）试验目的

选取 22616 工作面为工程背景,结合工作面实际开采条件,利用平面相似试验模拟开采覆岩移动、破断及垮落全过程,分析覆岩运动与应力分布特征。

（2）试验原理

采用相似试验研究浅埋煤层开采覆岩变形和破坏规律的实质是采用与原型物理力学性质相似的人工材料,根据牛顿力学相似原理,将原型缩制成模型,模拟煤层开采,观测覆岩破断和移动的规律,再按照相似指标将模型结果换算回原型,从而得到原型覆岩破坏和移动的规律。

4.1.2　模型制作

（1）模拟区域

根据已有地质资料及相关钻孔数据,试验模拟区域选定 22616 工作面中部 240 m 范围,煤层厚度为 5 m,倾角为 1°,基岩层厚度为 22 m,地表赋存第四系松散层厚度为 54 m,松散层中局部伴有 7 m 厚含水砂砾石层。

（2）力学参数

22616 工作面模拟区域煤岩力学性质参数见表 4-1。

表 4-1　原岩和模型材料力学参数

岩性	模型厚度/cm	弹性模量/GPa	岩石强度/MPa		原型视密度/(g/cm³)	模型强度/MPa		模型视密度/(g/cm³)	配比号
			抗压强度 σ_c	抗拉强度 σ_t		抗压强度 σ_c	抗拉强度 σ_t		
风积沙	8	—	11.6	—	1.28	0.078	—	0.86	
黄黏土	46	—	0.14	—	1.33	0.001	—	1.89	773
砂砾石	7	21	37.7	2.3	1.95	0.254	0.015	1.32	555
细粒砂岩	8	45	46.2	2.9	2.39	0.312	0.02	1.61	637
中粒砂岩	4	24	34.5	3.7	2.18	0.233	0.025	1.47	755
细粒砂岩	6	45	46.2	2.9	2.39	0.312	0.02	1.61	637
粉砂岩	2	23	40.1	3.1	2.45	0.271	0.021	1.66	737
泥岩	2	11	39.9	2.0	2.45	0.27	0.014	1.66	755
2^{-2}煤	5	15	10.5	0.75	1.30	0.071	0.005	0.88	873
粉砂岩	8	23	40.1	3.1	2.45	0.27	0.021	1.66	737
砂质泥岩	6	18	42.8	2.2	2.43	0.289	0.015	1.64	737

（3）相似常数

基于试验要求和相似准则确定模型几何相似常数 $C_L = 1:100$，弹性模量相似常数 $C_E = 1:148$，泊松比相似常数 $C_\mu = 1:1$，重度相似常数 $C_\gamma = 1:148$，应力相似常数 $C_\sigma = 1:148$，时间相似常数 $C_t = 1:10$。

（4）材料配合比

根据原型煤岩力学性质，选取河砂和云母为模型骨料，碳酸钙和石膏为胶结材料，硼砂作为缓凝剂。结合沙子、碳酸钙、石膏相似材料配合比表，将原型煤岩力学参数换算成对应模型材料力学参数，见表 4-1。

（5）模型铺装

为了充分掌握工作面初次与周期来压期间覆岩的活动规律，必须保证足够的模拟开采范围。因此，模型高度设为全部埋深，走向长度应满足：

$$l \geqslant L_0 + 8L + 2 \times 30 \qquad (4\text{-}1)$$

式中　l——模型走向长度，cm；

　　　L_0——模型初次来压步距，cm；

　　　L——模型周期来压步距，cm。

模型的长×宽×高为 300 cm×30 cm×102 cm，沿水平方向分层铺设模型，直接铺装至地表，仅考虑自重，无须外加荷载。地表沙土层厚 54 cm，含水砂砾石层厚 7 cm，基岩层厚 22 cm，2^{-2}煤层厚 5 cm，底板岩层厚 14 cm，如图 4-1 所示。

（6）观测方案

在模型正面绘制水平线和铅垂线，铅垂线间距均为 10 cm，煤层覆岩 20 cm 高度范围内水平线间距为 5 cm，其他区域水平线间距均为 10 cm，横竖线交点设定非编码点，如图 4-1 所示。为了观测覆岩的移动规律，定义模型开切眼和停采线附近 30 cm 范围内 8 条间距 10 cm 和中间区域 5 条间距 30 cm 的铅垂线为位移测线，位移测线上的非编码点即位移测点，着重观测覆岩垮落带位移测点变化。考虑岩体应力分布特征，在覆岩 15 cm 高度范围内

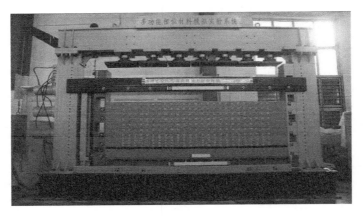

图 4-1 相似材料模型

沿水平方向埋设 3 排应力盒,排间距为 5 cm。每排应力盒埋设完全一致,开切眼和停采线附近 20 cm 范围内埋盒间距为 5 cm,20~30 cm 范围内间隔 10 cm 埋盒,中间区域每隔 30 cm 埋盒,实时监测垮落带应力盒数据,具体布设情况如图 4-2 所示。

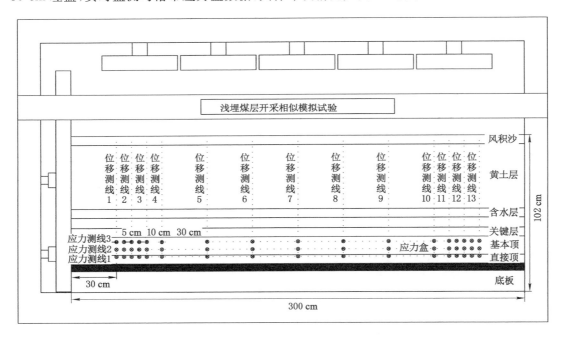

图 4-2 测点布设示意图

4.1.3 结果分析

(1)试验现象

为了尽量消除边界效应,模型两端各留设 30 cm 煤柱,按照时间相似比从左向右循环开采,总长度为 240 cm,相当于原型长度 240 m。为了方便理解,以下均以原型数值描述模拟开采现象。

当工作面推进 36 m 时,直接顶初次垮落,覆岩产生水平裂隙,如图 4-3 所示。工作面持续推进,直接顶随采随垮,离层逐渐发育,基岩层不断下沉直至破断形成"三铰拱"结构。工作面推进 48 m,基本顶初次垮落,动载现象明显,破断岩块沿工作面煤壁切落,形成"单斜岩块"结构,裂隙沿煤壁斜向上延伸,如图 4-4 所示。

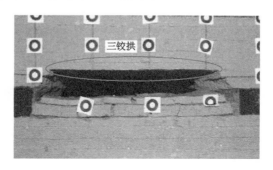

图 4-3　直接顶初次垮落

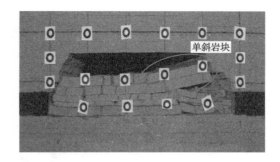

图 4-4　基本顶初次垮落

当工作面推进 55 m 时,覆岩裂隙迅速向上扩展,离层发育,基本顶瞬间破断、垮落,形成"砌体梁"或"台阶梁"结构,来压步距为 8 m,如图 4-5 所示。直至工作面推进 115 m,发生第 5 次周期来压,基本顶断裂,裂隙直达地表,依附在基岩上的地表松散沙土层同步下沉,产生走向 30 m 范围的地表移动盆地,如图 4-6 所示。

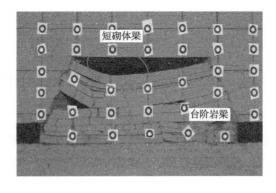

图 4-5　基本顶周期垮落

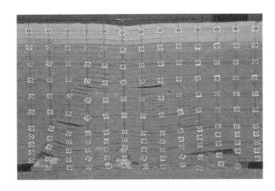

图 4-6   裂隙初次贯通地表

当工作面推进 127 m 时,基岩基本顶第 7 次周期来压,裂隙带再次贯通地表,基岩层全厚切落,地表沙土层下沉,来压剧烈,步距较小,地表移动盆地走向范围扩大 10 m 左右,如图 4-7 所示。

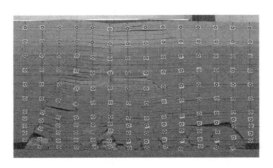

图 4-7   裂隙周期贯通地表

利用 XJTUDP 三维光学摄影测量系统观测模拟开采过程中基岩基本顶非编码点位移变化,如图 4-8 所示。工作面推进 36 m,直接顶垮落,基岩基本顶下沉位移不明显;工作面推进 48 m,基本顶初次来压,部分基本顶垮落,未垮落基本顶变形显著,产生大量离层;工作面推进 55 m,基本顶周期来压,基岩垮落范围增大,基本顶最大下沉位移为 2.21 m;工作面推进 115 m,基岩全厚垮落,裂隙直达地表,煤岩体被压实,基本顶最大下沉位移为 2.47 m;工作面推进 127 m,基岩再次全厚垮落,裂隙周期贯通地表;直至开采完毕,基本顶最大下沉位移趋于 2.58 m。在整个采动过程中,基本顶位移变化幅度较大,表明基本顶下沉速度较大,台阶下沉显著,究其原因主要是浅埋煤层开采过程中,工作面上覆松散层难以对基本顶形成夹持作用,而使单一关键层弯拉破断,发生滑落失稳。

(2)位移变化

开采结束后围岩趋于稳定,利用 XJTUDP 三维光学摄影测量系统观测覆岩 15 m 高度范围内位移测线上非编码点数据,如图 4-9 所示。位移测线上不同水平高度测点位移均呈"U"形下沉变化,且同一位移测线上测点位移随高度增加而减小。实际上,各测点位移变化反映了其所处岩层的运动状态。沿采空区走向方向,边界煤壁附近覆岩下沉不明显,中间

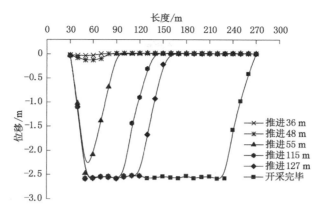

图 4-8　工作面开采基岩位移变化曲线

区域覆岩下沉显著;沿竖直方向,上部覆岩下沉量较小,下部覆岩下沉量较大。因此,采空区中间位置顶板下沉量最大,达到 4.93 m。

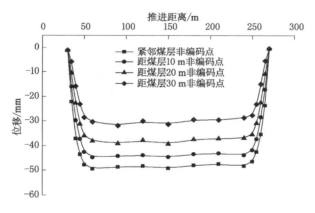

图 4-9　覆岩位移变化曲线

（3）应力演化

煤层采出覆岩垮落稳定,采用 TST3822 静态测试分析系统记录应力测线上应力盒数据,如图 4-10 所示。采空区垮落带不同高度区域岩体应力沿走向分布规律基本相同,沿竖直方向与高度成反比关系。基本顶悬臂梁结构在采空区两边界煤岩体内产生集中支承压力,最大应力为 2.43 MPa,而在边界煤体附近采空区内产生控顶作用,限制覆岩下沉,煤岩体处于卸压区,最小应力仅为 0.32 MPa。远离煤壁,覆岩"应力拱"结构破坏,支撑作用消失,覆岩整体下沉,煤岩体处于承压区,应力迅速增大。采空区中间区域煤岩体被重新压实,处于稳压区,最大应力趋于 1.5 MPa。

（4）覆岩结构

模型工作面开采完毕,采空区覆岩仅存在"两带"结构,即裂隙带和垮落带。裂隙带呈下宽上窄,近似正梯形分布,竖直方向高度为 72 m;垮落带呈两边稍凸、中间微凹,大致呈枕形分布,开切眼处垮落角为 66°,停采线处垮落角为 54°,竖直方向高度为 15 m,如图 4-11 所示。

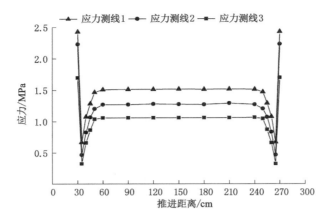

图 4-10　采空区煤岩体应力变化曲线

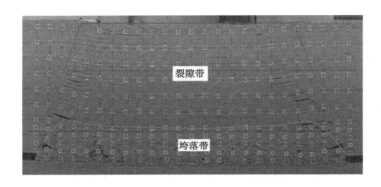

图 4-11　覆岩"两带"结构

覆岩移动以竖直方向下沉为主,体积变化也主要沿竖直方向碎胀。因此,利用煤岩体竖直方向碎胀量近似代替体积碎胀量。煤岩体竖直方向碎胀系数可由模型竖直方向上两个相邻测点间采动前后距离之比来表示:

$$k \approx k_c = \frac{h'_{n n+1}}{h_{n n+1}} \tag{4-2}$$

式中　k——煤岩体碎胀系数;

　　　k_c——煤岩体竖直方向碎胀系数;

　　　$h'_{n n+1}$——采动后两相邻测点之间距离,m;

　　　$h_{n n+1}$——采动前两相邻测点之间距离,m。

根据式(4-2)计算浅埋采空区煤岩体碎胀系数,如图 4-12 所示。沿采空区走向,覆岩垮落带不同高度区域煤岩体碎胀系数变化趋势大体一致,两边界煤岩体碎胀系数最小,边界附近煤岩体碎胀系数最大,中间区域煤岩体碎胀系数减小并趋于稳定;沿竖直方向,随高度呈正相关变化,上部煤岩体碎胀系数大,下部煤岩体碎胀系数小。因此,采空区两边界附近垮落带 20～30 m 高度区域碎胀系数最大,达到 1.48,中间区域垮落带 0～10 m 高度区域碎胀系数最小,仅为 1.09。运用麦夸特法和通用全局优化法对二者进行拟合,如图 4-13 所示。

煤岩体碎胀系数与应力拟合关系式为:

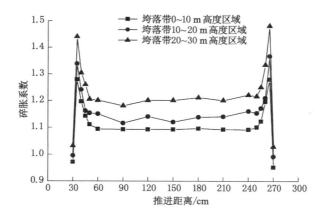

图 4-12　采空区煤岩体碎胀系数变化曲线

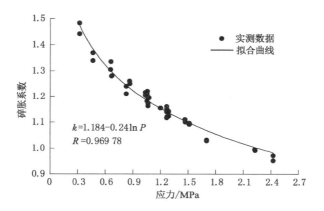

图 4-13　煤岩体应力-碎胀系数关系曲线

$$k = 1.184 - 0.24\ln P \qquad (4\text{-}3)$$

式中　k——煤岩体碎胀系数；

　　　P——煤岩体应力，MPa。

浅埋采空区走向和竖直方向煤岩体碎胀系数与应力均满足负对数关系，与郭广礼提出的岩体应力-碎胀系数回归关系式 $k = g\ln P + fk$ 十分吻合。

浅埋采空区煤岩体碎胀特性分布特征相似试验研究结果表明：沿采空区走向，中部煤岩体压实程度最高，碎胀系数和空隙率最小；靠近采空区边界煤岩体压实程度降低，碎胀系数和空隙率增大；采空区边界附近煤岩体自然堆积，碎胀系数和空隙率最大。沿竖直方向，远离采空区底板，煤岩体碎胀系数递减，垮落带煤岩体碎胀系数普遍大于裂隙带。

4.2　覆岩运动规律数值模拟

尽管相似试验直观、有效地再现了浅埋煤层开采覆岩变形、移动和垮落全过程，但这仅为沿工作面走向上的二维平面模拟，模型只是在侧限条件下被动受力，而非真正的三维应力状态。鉴于采空区覆岩应力变化与煤岩体应力分布较为一致，可考虑利用采空区覆岩应力代替煤岩体应力,通过浅埋煤层开采覆岩三维空间运动数值模拟,进一步研究浅埋采空区煤岩体应力分布特征。

4.2.1 软件简介

FLAC³ᴰ软件(fast lagrangian analysis of continua in three-dimensions)是由美国 Itasca Consulting Group,Inc.开发的一组三维显示有限差分计算程序,包括了反映地质材料力学效应的特殊计算功能,被广泛应用于边坡稳定性分析、隧道工程施工设计、采矿工程开挖模拟等领域,目前已成为地下工程数值计算中的主要方法之一,主要具有以下特点:

(1)包含 10 种弹塑性材料本构模型,共 5 种计算模式,各种模式之间可以相互耦合,模拟分析复杂的岩土工程或力学问题。

(2)内嵌 Fish 语言,可定义新的特殊单元形态或函数,以适应研究的特殊需要。

(3)具有强大的前后处理功能,可生成非常复杂的三维网格和输出多种形式图形。

基于 FLAC³ᴰ软件在煤层开采模拟方面所具有的独特优势,采用 FLAC³ᴰ软件模拟分析 22616 工作面开采覆岩运动规律。

4.2.2 模型建立

(1)模拟方案

以 22616 工作面为工程背景,采用 FLAC³ᴰ软件建立三维数值模型,模拟计算浅埋煤层开采覆岩位移、应力以及塑性区变化规律。

(2)模型建立

根据 22616 工作面已有地质资料及相关钻孔数据,建立三维有限差分计算数值模型,如图 4-14 所示。

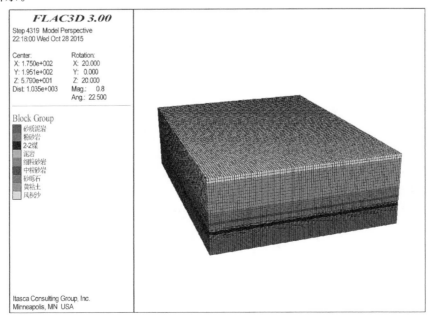

图 4-14 数值模型

模型几何尺寸为 300 m×410 m×120 m，共划分为 426 400 个单元，4 444 299 个节点。适当简化地质条件，模型煤岩层设定为水平，底板岩层厚度为 32 m，2^{-2} 煤层厚度为 5 m，基岩层厚度为 22 m，含水沙砾石层厚度为 7 m，地表沙土层厚度为 54 m。

模拟工作面倾向长度为 350 m，走向推进距离为 240 m，为减小模型边界效应的影响，工作面四周留设 30 m 保护煤柱。模型直接模拟至地表，仅考虑自重作用，无须外加荷载。模型顶部边界为自由面，四周边界为水平约束，底部边界为全约束，如图 4-15 所示。本构模型选取莫尔-库仑模型，模拟煤岩力学参数见表 4-2。

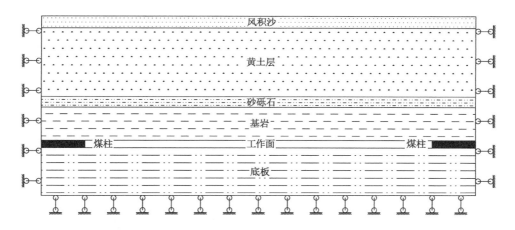

图 4-15　模型边界条件

表 4-2　煤岩力学参数表

岩层	弹性模量 E /GPa	泊松比 μ	抗压强度 σ_c /MPa	抗拉强度 σ_t /MPa	内聚力 C /MPa	内摩擦角 φ /(°)	密度 ρ /(kg/m³)
风积沙	—	0.3	11.6	—	—	27	1 280
黄黏土	—	0.4	0.14	0.03	—	27	1 330
砂砾石	21	0.28	54.1	3.8	1.95	38	1 950
细粒砂岩	45	0.27	46.2	2.9	8.2	42	2 390
中粒砂岩	24	0.25	34.5	3.7	6.06	40	2 180
细粒砂岩	45	0.27	46.2	2.9	8.2	42	2 390
粉砂岩	23	0.25	40.1	3.1	9.1	45	2 450
泥岩	11	0.3	39.9	2.0	3.2	35	2 450
2^{-2}煤	15	0.35	10.5	0.75	1.6	38	1 300
粉砂岩	23	0.25	40.1	3.1	9.1	45	2 450
砂质泥岩	18	0.28	42.8	2.2	2.3	40	2 430

4.2.3　结果分析

首先计算模型初始平衡，达到平衡后再进行煤层开采模拟。最后对模拟结果中采空区覆岩走向、倾向和竖直方向位移、应力以及塑性区分布状态进行分析。

（1）覆岩走向

① 竖直应力

从力学角度分析，煤层开采过程实质上就是采场前方应力不断调整、重新演化的过程。为了研究浅埋煤层开采采场煤壁前方支承压力动态变化特征，在模型工作面走向 60～240 m 区域顶板上每隔 30 m 布置 1 个应力测点，沿推进方向依次设为 1～7 号。

模拟煤层开采过程中，各应力测点竖直方向应力随工作面推移动态变化，且变化趋势大体一致，但各个测点最大竖直应力并非完全一致，而是随着工作面推进距离增大而增大，到达一定程度后趋于稳定，如图 4-16 所示。

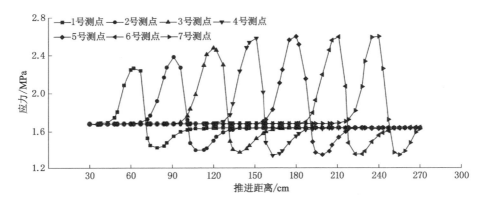

图 4-16　各测点竖直应力变化曲线

由图 4-16 中 4 号应力测点竖直应力动态变化曲线可以看出：工作面开采初期，距 4 号测点距离较远，采动影响未波及测点区域，测点竖直应力处于原岩应力状态；工作面推进至距测点 30 m 时，受采动影响测点竖直应力急剧增大；距测点 10 m 时，测点竖直应力达到峰值 2.62 MPa，集中应力系数为 1.57；工作面继续推进，测点竖直应力开始迅速减小；推进过测点 20 m 区域，测点竖直应力均低于原岩应力，最小竖直应力为 1.32 MPa，应力集中系数为 0.78；工作面持续推进，测点竖直应力又逐渐增大；直至推过测点 80 m，测点竖直应力基本恢复至原岩应力，并趋于稳定。各测点竖直应力变化实际上也反映了工作面超前支承压力分布形态，工作面前方煤体存在高支承压力，工作面范围支承压力较低，采空区支承压力逐渐升高，最终趋于稳定。随着工作面的推进，采场超前支承压力动态前移，且支承压力逐渐增大，分析其原因主要是基本顶悬臂梁跨度越大，覆岩对前方煤体产生的应力越集中，超前支承压力越显著。

② 下沉位移

为了分析浅埋煤层开采走向覆岩下沉移动规律，在模型工作面倾向中间位置覆岩 0 m、5 m、10 m 和 15 m 高度处沿煤层走向布置位移测点，各测点位移变化曲线如图 4-17 所示。沿采空区走向，随着与边界煤柱距离增大，覆岩下沉量逐渐增大，沿采空区竖直方向，覆岩下沉量随高度增大而减小,采空区中部顶板最大下沉位移达到 4.96 m,顶板上方 15 m 覆岩最大下沉位移为 2.57 m;采空区两边界煤柱受采动影响,15 m 范围内覆岩产生轻微下沉,15 m 以外覆岩运动不明显,煤柱上方不同高度覆岩下沉量相差不大。数值模拟结果与相似试验数据较为一致,验证了数值模拟方法的可行性。

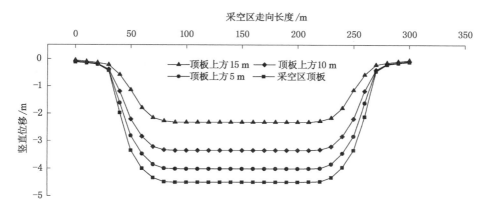

图 4-17　走向覆岩下沉位移变化曲线

③ 最大主应力

采空区倾向中间位置沿煤层走向覆岩最大主应力分布如图 4-18 所示。受煤柱内支承压力影响,在煤壁位置出现应力集中现象。而煤壁附近采空区处于低应力状态,顶板承受拉应力。随着与煤壁距离增加,顶板拉应力逐渐向上扩展。结合采空区走向不同断面最大主应力场演化特征发现:覆岩在高应力作用下逐层破坏,在下部岩层形成低应力区,低应力区逐渐向上扩展,当覆岩运动趋于稳定时,在采空区上覆岩层及煤柱附近形成一个形似壳体的高应力作用区域。

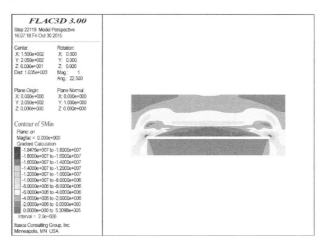

图 4-18　覆岩走向最大主应力云图

④ 围岩塑性区

采空区倾向中间位置沿煤层走向覆岩塑性区分布如图 4-19 所示。覆岩破坏形式为剪切破坏,与现场来压期间顶板切落现象十分吻合。采空区煤柱在集中应力作用下呈现出拉剪复合破坏特征,煤壁附近底板岩层处于剪切破坏状态。

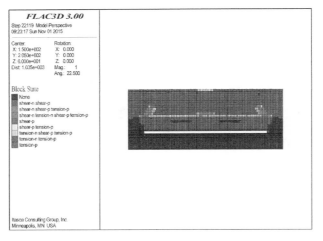

图 4-19　覆岩走向塑性区分布

（2）覆岩倾向

① 竖直应力

在模型开切眼侧煤柱内距煤壁 15 m、10 m、5 m 和煤壁处以及采空区内远离煤壁 30 m、60 m、90 m 和 120 m 处倾向断面布置覆岩应力测点。根据应力测点采集到的数据绘制采空区不同倾向断面顶板垂直应力变化曲线,如图 4-20 所示。

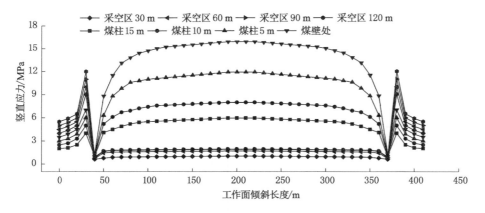

图 4-20　覆岩倾向竖直应力变化曲线

煤层采出后,采空区卸压效应使得上覆岩层重力作用位置向两端煤柱上方转移,在煤柱内形成应力集中,越接近煤壁,应力集中越显著,煤壁附近竖直应力最大;而采空区顶板处于低应力状态,倾向断面中部顶板竖直应力最大,向两端递减,应力随着与煤壁距离增大而增大,达到一定距离后趋于稳定。在采空区两端煤壁附近的倾向断面内,顶板最大竖直应力为 16 MPa,应力集中系数为 7.96。同理,在采空区内远离煤壁 120 m 处倾向断面覆岩 5 m、10 m、15 m 高度处布置应力测点,测点间距为 10 m。根据应力测点数据绘制采空区距煤壁 120 m 处倾向断面覆岩竖直应力变化曲线,如图 4-21 所示。采空区煤壁附近顶板竖直应力最大,达到 12 MPa,应力集中系数为 5.97,覆岩应力随高度增加而降低,顶板竖直应力稳定于 1.94 MPa,覆岩 15 m 竖直应力为 1.21 MPa,数值模拟结果与现场实测数据较为接近。

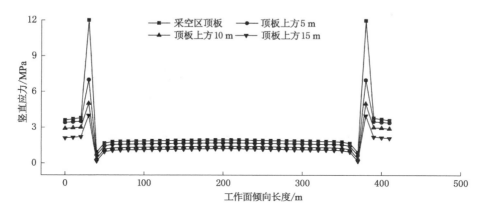

图 4-21　距煤壁 120 m 覆岩倾向竖直应力变化曲线

② 下沉位移

为了分析浅埋煤层开采倾向覆岩下沉移动规律,在模型开切眼侧煤柱内距煤壁 15 m、10 m、5 m 和煤壁以及采空区内远离煤壁 30 m、60 m、90 m 和 120 m 处倾向断面布置覆岩位移测点。各测点位移变化曲线如图 4-22 所示,煤柱与采空区顶板下沉量存在显著差异。采空区倾向断面顶板下沉量较大,随着与煤壁距离增大顶板下沉量逐渐增大,距煤壁 120 m 时顶板最大下沉量为 4.97 m;而煤柱顶板受采动影响产生少量下沉,煤柱不同断面顶板下沉量较为接近,均在 0.05 m 以下。

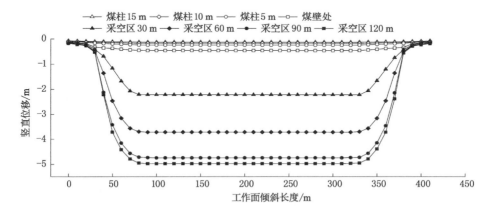

图 4-22　覆岩倾向下沉位移变化曲线

在采空区内远离煤壁 120 m 处倾向断面煤层顶板 5 m、10 m、15 m 高度上布置位移测点。各测点位移变化曲线如图 4-23 所示。

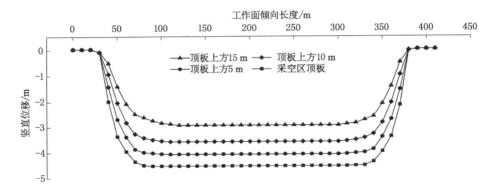

图 4-23 距煤壁 120 m 覆岩倾向竖直位移变化曲线

③ 最大主应力

采空区不同倾向断面覆岩最大主应力分布如图 4-24 所示。模型开切眼侧煤柱距煤壁 15 m 处倾向断面中部区域煤体及底板产生较大范围的应力集中,覆岩应力呈拱形分布,最大主应力为 6.98 MPa;距煤壁 10 m 处倾向断面中部区域煤体及底板应力集中加剧,最大主应力为 8.48 MPa;距煤壁 5 m 处倾向断面中部区域底板围岩应力集中范围减小,而煤体及覆岩应力持续增大,最大主应力为 12.05 MPa;煤壁处倾向断面中部区域底板围岩应力集中程度最高,最大主应力为 16.89 MPa。

采空区内远离煤壁 30 m 处倾向断面两端顶板附近出现明显应力集中,最大主应力为 13.82 MPa,围岩开始破坏,产生卸载作用,采空区顶板及底板应力较低;远离煤壁 60 m 处倾向断面两端围岩最大主应力为 17.38 MPa,卸压范围逐渐扩大,顶板中部出现小范围拉应力;远离煤壁 90 m 处倾向断面两端围岩的最大主应力为 18.85 MPa,覆岩应力拱范围持续增大,卸压区发育趋于稳定,上方存在明显的高应力作用区,顶板中部拉应力区域逐渐扩大;远离煤壁 30 m 处倾向断面两端围岩最大主应力为 19.16 MPa,顶板卸压区、拉应力区及覆岩应力拱范围均达到最大。

④ 围岩塑性区

采空区不同倾向断面覆岩塑性区分布如图 4-25 所示。模型开切眼侧煤柱距煤壁 15 m 处倾向断面覆岩松散沙土层发生显著拉破坏,而基岩破坏状态不明显;距煤壁 10 m 处倾向断面基岩出现拉伸破坏和剪切破坏,距煤壁越近,倾向断面覆岩破坏范围越大,直至煤壁处倾向断面拉剪破坏贯通基岩层。

采空区内倾向断面覆岩"拱形"拉破坏区范围随着与煤壁距离增大而增大,直到距煤壁 90 m 倾向断面覆岩拉破坏区范围趋于稳定,两端煤柱附近松散沙土层在高集中应力作用下呈拉破坏状态。各倾向断面覆岩塑性区发育过程可以总结为:首先在煤柱附近出现拉破坏区,然后采空区内拉伸破坏区域逐渐扩展并贯通顶板覆岩,最后在采空区中部发育成稳定的"拱形"结构。

(3) 覆岩竖向

① 最大主应力

采空区竖直方向不同高度处覆岩最大主应力分布如图 4-26 所示。煤层采出后采空区

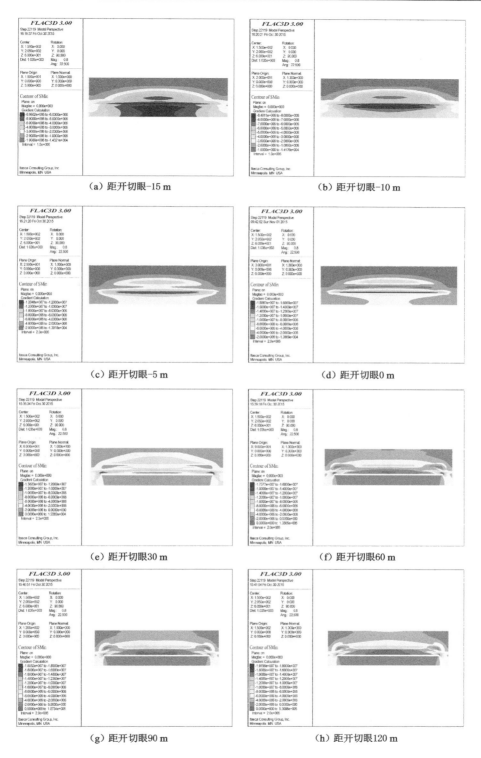

(a) 距开切眼-15 m　　　　　　　　　(b) 距开切眼-10 m

(c) 距开切眼-5 m　　　　　　　　　(d) 距开切眼0 m

(e) 距开切眼30 m　　　　　　　　　(f) 距开切眼60 m

(g) 距开切眼90 m　　　　　　　　　(h) 距开切眼120 m

图 4-24　覆岩不同倾向断面最大主应力云图

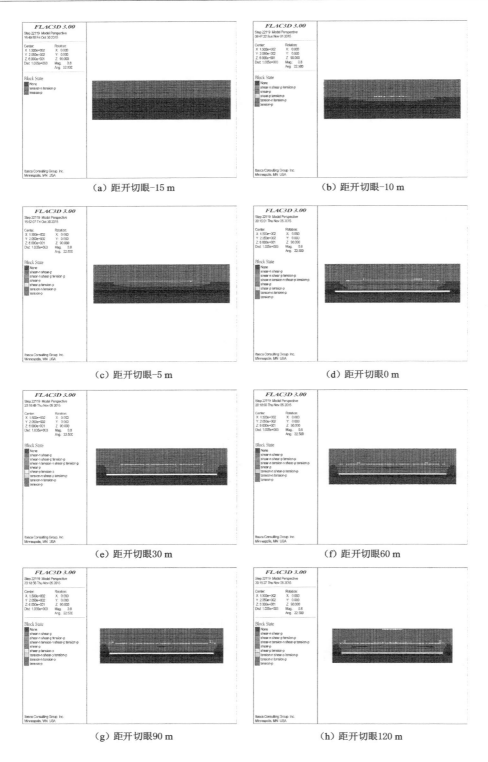

（a）距开切眼-15 m　　　　　　（b）距开切眼-10 m

（c）距开切眼-5 m　　　　　　（d）距开切眼0 m

（e）距开切眼30 m　　　　　　（f）距开切眼60 m

（g）距开切眼90 m　　　　　　（h）距开切眼120 m

图 4-25　覆岩倾向塑性区分布

上覆岩层荷载转移至四周煤柱上方,在煤柱附近形成应力集中,采空区走向两端煤柱应力集中程度较倾向两端煤柱显著。对比分析煤柱上方覆岩不同高度处的集中应力,顶板最大主应力为 16.92 MPa,顶板上方 5 m、15 m、30 m 处覆岩最大主应力为 6.33~7.22 MPa。沿采空区竖直方向,覆岩最大主应力集中程度和范围随高度增大逐渐减小。

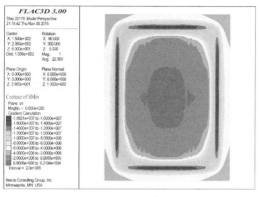
（a）采空区顶板

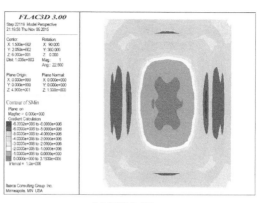
（b）顶板上方 5 m

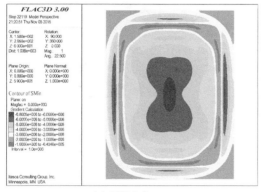
（c）顶板上方 15 m

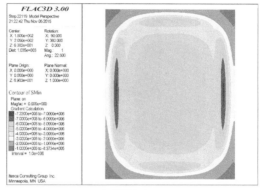
（d）顶板上方 30 m

图 4-26　不同高度处覆岩最大主应力云图

② 围岩塑性区

采空区竖直方向不同高度处覆岩塑性区分布如图 4-27 所示。采空区四周煤柱在集中应力作用下表现出拉剪复合破坏的特点,但是在采空区四角处,由于煤柱支撑作用,覆岩破坏程度相对较低。沿采空区竖直方向,煤柱覆岩破坏区域随高度增大逐渐缩小,破坏程度不断降低,煤柱顶板主要为剪切破坏,局部伴有拉破坏,顶板上方 5~15 m 覆岩均为剪切破坏,顶板上方 30 m 覆岩为松散沙土层,强度较低,容易发生拉剪破坏。采空区顶板覆岩呈现拉破坏,破坏区域范围随高度增大逐渐减小,采空区顶板拉破坏区域呈十字分布,顶板上方 5~15 m 覆岩剪切破坏区域均呈蝴蝶状分布,且覆岩整体破坏区域呈圆角矩形状分布,顶板上方 30 m 为松散沙土层,发生大范围拉破坏。

综上所述,采用相似试验与数值模拟相结合的方法研究浅埋煤层开采覆岩运动响应,重点分析开采工作面和稳定采空区覆岩位移、应力变化及塑性区分布规律,其中共同模拟

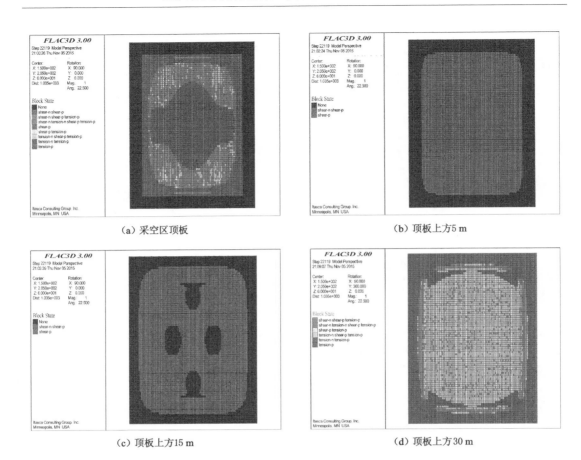

（a）采空区顶板　　　　　　　　　　　（b）顶板上方5 m

（c）顶板上方15 m　　　　　　　　　　（d）顶板上方30 m

图 4-27　不同高度处采空区覆岩塑性区分布

了采空区走向方向覆岩的位移和应力变化,并对比分析两种模拟结果。相似试验覆岩最大下沉位移为 4.93 m,数值模拟结果为 4.96 m,二者较接近。同时,两个结果中采空区覆岩应力分布形态基本相似,应力数值也十分接近,相似试验所得应力为 1.5 MPa,数值模拟所得应力为 1.63 MPa。由于相似试验与数值模拟结果较为吻合,不仅两个结果得到了很好的相互印证,还证实了数值模拟方法的可靠性。因此,可利用数值模拟对相似试验进行补充研究,无论沿采空区走向还是倾向,随着与边界煤柱距离的增大,覆岩下沉量和应力值逐渐增大,采空区中部区域二者达到最大;沿采空区竖直方向,覆岩下沉量和应力值均与高度呈负相关变化。研究结果为浅埋采空区覆岩结构和煤岩体应力变化研究提供基础数据。

4.3　采动覆岩结构力学模型

矿区地表覆盖大面积沙土层主要由风积沙、土层和风化砂岩等组成,通常可视为散体介质,具有一定的分散性、复杂性和易变性。沙土散体表现出了明显的单粒结构特征,其组成颗粒之间没有黏结力或黏结力非常微弱而忽略不计。浅埋煤层基岩单一关键层结构,作为覆岩主控层承载地表沙土层荷载。地表沙土层荷载通常用其自重代替,但是相似试验结果表明地表沙土层荷载具有一定的传递效应,并非简单地等于其自重。因此,破断基岩块除了自重作用于煤岩体外,还将传递地表沙土层荷载。但是由于水平挤压力作用,相互咬合的破断岩块构成铰接结构,能够承担部分覆岩荷载,使得采空区煤岩体实际承受基岩块重力和地表沙土层荷载减小。鉴于地表沙土层及基本顶关键块结构直接关系采空区煤岩体应力变化,本节将围绕浅埋采场覆岩结构特征展开研究。

　　基本顶(即关键层)弯矩随工作面推进逐渐增大,达到极限强度后断裂。以四边固支的矩形板为例,两长边中心位置弯矩最大,容易断裂,裂缝沿长边方向向两端扩展。当两长边裂缝扩展至一定长度时,短边中央开始出现裂缝,并沿短边方向向两端延伸。随着长边和短边裂纹的发育,与四角处产生的弧形曲线贯通形成"O"形封闭裂缝。当板中央弯矩超过其极限强度时,"O"形封闭裂缝曲线内部产生与四周贯通的"X"形破坏裂缝,如图 4-28所示。

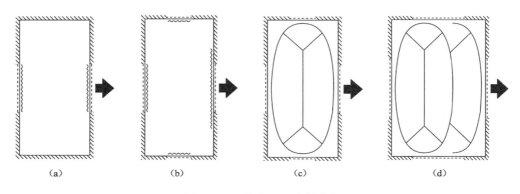

图 4-28　顶板"O-X"破断形式

　　工作面基本顶初次来压,顶板破断模式为 X 形,破断基本顶板块在回转下沉过程中呈挤压咬合与连锁铰接状态,形成挤压铰接岩板空间结构。该结构随着工作面推进很快失稳,发生初次垮落,在采空区四周形成单斜岩板空间结构。工作面继续推进,基本顶周期来压,顶板破断模式为半 X 形,采场煤壁侧基本顶岩板逐渐形成"挤压铰接岩板半拱"小空间结构,而采空区其余三侧仍保持初次垮落时形成的单斜岩板空间结构。工作面持续推进,"挤压铰接岩板半拱小空间结构"周期性失稳、垮落,在采空区四周形成短砌体梁或台阶岩梁空间结构。板支承四边或三边裂缝为上部张开下部闭合,"X"形或半"X"形破断裂缝则为上部闭合下部张开。在开采煤层过程中,沿工作面走向和倾向方向的覆岩均形成了岩块铰接结构。走向岩块铰接结构随工作面推进动态前移,而倾向岩块铰接结构受工作面推移的影响较小,这里着重分析工作面走向方向覆岩结构动态变化。

4.3.1　直接顶垮落

　　相似试验现象表明:采场覆岩结构随着工作面推进动态变化,不同阶段覆岩结构特征存在较大差异。当工作面推进距离未达到基本顶极限跨距 48 m 时,垮落直接顶岩体未充满采空区,基本顶产生少量弯曲下沉,地表沙土层变形不明显。此时,可将采空区顶板岩体看成连续介质,简化为中间悬空、两边位于煤柱上的弹性地基梁结构,如图 4-29 所示。

　　根据煤岩体未充满采空区的条件可得:

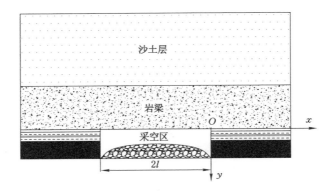

图 4-29 覆岩弹性地基梁结构

$$(k-1)h_z < M - W(x)_{\max} \tag{4-4}$$

式中 k——煤岩体碎胀系数；

   h_z——垮落岩层厚度，m；

   M——开采厚度，m；

   $W(x)_{\max}$——顶板岩层最大弯曲下沉量，m。

假设两侧煤岩柱为文克勒地基，最大拉应力和最大剪应力为：

$$\sigma_{\mathrm{m}} = \frac{6P_1 l^2}{h_1^2} \mathrm{e}^{-tx_{\mathrm{m}}} \left[\left(\frac{1}{tl} + \frac{1}{2} - \alpha \right) \sin(tx_{\mathrm{m}}) + \left(\frac{1}{2} - \alpha \right) \cos(tx_{\mathrm{m}}) \right] \tag{4-5}$$

$$\tau_{\mathrm{m}} = \frac{3P_1 l^2 t}{2h_1} \mathrm{e}^{-tx_{\mathrm{m}}} \left[\left(\frac{1}{tl} + 1 - 2\alpha \right) \sin(tx_{\mathrm{m}}) - \frac{1}{tl} \cos(tx_{\mathrm{m}}) \right] \tag{4-6}$$

式中 P_1——沙土层荷载，MPa。

$$P_1 = E_1 h_1^3 \sum_{i=1}^{n} \gamma_i h_i \Big/ \sum_{i=1}^{n} E_i h_i^3 , \ t = \sqrt[4]{\frac{K}{4E_1 I_1}} , \ \alpha = \frac{t^2 l^2 + 3tl + 3}{6tl(1+tl)}$$

同时满足式(4-4)至式(4-6)时，采空区顶板形成两端位于煤岩柱中间悬空的弹性地基梁。若最大拉应力或最大剪应力大于岩梁的抗拉极限强度或抗剪极限强度时，基本顶岩层将破断、垮落。

4.3.2   基本顶初次垮落

4.3.2.1   覆岩结构

根据浅埋煤层开采相似试验，随着工作面推进，基岩基本顶断裂，破断岩块具有不对称性，靠近工作面侧的岩块长度较大，岩块触矸前形成非对称"三铰拱"结构。工作面推进距离达到基本顶极限垮距时初次垮落，"三铰拱"结构失稳，破断岩块形成"单斜岩块"结构。在拉伸裂隙切割作用下，地表沙土层下部沙土体同步塌落，呈"松脱拱"状破坏，形成一定高度平衡拱结构，并未波及地表，上部沙土层近似梁状结构，如图 4-30 所示。

4.3.2.2   力学模型

（1）沙土层"拱梁"结构

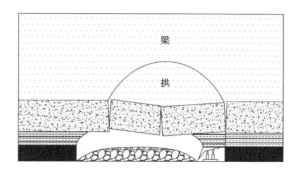

图 4-30　初次来压覆岩结构

采动基岩破断后地表沙土层并未全部塌落,而是形成上方为"梁"、下方为"拱"的"拱梁"结构。假设自然平衡拱轴线为二次曲线,如图 4-31 所示。

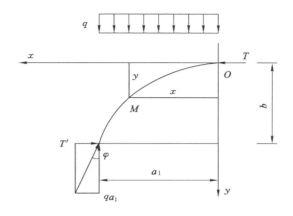

图 4-31　平衡拱结构力学模型

任取拱轴线上一点 $M(x,y)$,因为拱轴线不能承受拉力,故所有外力对 M 点弯矩取 0 得:

$$Ty - \frac{qx^2}{2} = 0 \tag{4-7}$$

式中　q——拱轴线上覆沙土体重力产生的均布荷载,kN;

　　　T——平衡拱拱顶截面的水平推力,kN;

　　　x,y——M 点的 x,y 轴坐标。

静力平衡应满足作用拱顶的水平推力与作用于拱脚的水平推力大小相等、方向相反,即

$$T = T' \tag{4-8}$$

由于拱脚产生的水平位移容易改变整个拱的内力分布,若要维持拱结构稳定,拱脚水平推力必须小于或等于竖直反力产生的最大摩擦力,即

$$T' \leqslant qa_1 f \tag{4-9}$$

为了确保安全,普氏又将最大摩擦力折减一半,即

$$T' = qa_1 f/2 \tag{4-10}$$

将式(4-10)代入式(4-7)得:

$$y = \frac{x^2}{a_1 f} \tag{4-11}$$

显然,拱轴线是一条抛物线,抛物线上任意点的高度均可求。当 $x = a_1$,$y = b$ 时,可得:

$$b = a_1 / f \tag{4-12}$$

式中 b——自然平衡拱的最大高度,m;

a_1——自然平衡拱的最大跨度,$a_1 = a + m\tan\left(45° - \frac{\varphi}{2}\right)$,m;

f——岩石的坚固性系数。

根据几何关系,地表沙土层平衡拱内沙土体荷载为:

$$P_1 = \frac{2}{3}(2a_1)b\gamma = \frac{\gamma(2a_1)^2}{3f} = \frac{4\gamma\left[a + h\tan\left(45° - \frac{\varphi}{2}\right)\right]^2}{3f} \tag{4-13}$$

式中 P_1——平衡拱内沙土体荷载,kN;

b——基本顶破断跨度的一半,m;

γ——沙土层平均重度,kN/m³;

φ——沙土层内摩擦角,(°)。

(2) 基本顶"三铰拱"结构

三铰拱为结构力学模型,两个曲杆铰接,每个曲杆和支座也铰接,只要 3 个铰不在同一条直线上,三铰拱几何不变。岩块间铰接处为塑性铰,结构简化为动态平衡结构,力学模型如图 4-32 所示。

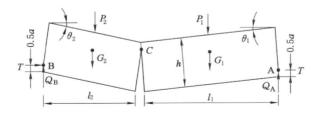

图 4-32   非对称"三铰拱"结构力学模型

A 铰处水平推力:

$$T = \frac{2K(P_1 + G_1)}{(K+1)^2(i - \sin\theta_1)} \tag{4-14}$$

A 铰处剪切力:

$$Q_A = \frac{(2K^2 + K + 1)(P_1 + G_1)}{2K(K+1)} \tag{4-15}$$

式中 T——铰接处水平推力,kN;

Q_A——铰接处剪切力,kN;

K——影响系数,$K = l_1 / l_2 = P_1 / P_2$;

P_1——沙土层荷载,kN;

G_1——基岩层自重,kN;

i——破断岩块块度,$i = h / l_1$;

θ_1——破断岩块回转角,(°)。

(3)基本顶单斜岩块结构

基岩破断块逆向回转运动是触矸后最危险的状态,为此,针对此状态下的"单斜岩块"结构展开分析,力学模型如图 4-33 所示。

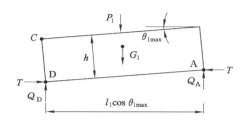

图 4-33 "单斜岩块"结构力学模型

A 铰接处水平推力:

$$T = \frac{(1 + 2i\tan\theta_{1\max})\tan\varphi'}{2(1 - \tan\varphi'\tan\theta_{1\max})}(P_1 + G_1) \tag{4-16}$$

A 铰接处剪切力:

$$Q_A = \left[1 - \frac{1 + 2i\tan\theta_{1\max}}{2(1 - \tan\varphi'\tan\theta_{1\max})}\right](P_1 + G_1) \tag{4-17}$$

式中 $\tan\varphi'$——岩块与矸石之间的摩擦系数。

此时,破断岩块的最大回转角:

$$\theta_{1\max} = \arcsin\frac{m - (K_p - 1)\sum h}{l_1} \tag{4-18}$$

式中 m——工作面采高,m;

K_p——直接顶岩体的碎胀系数;

$\sum h$——直接顶岩层厚度,m。

4.3.2.3 模型改进

基于已建立的浅埋采场覆岩结构力学模型,采空区煤岩体应力为:

$$T\tan\varphi_j + R_m = Q_A \tag{4-19}$$

式中 φ_j——岩块之间的摩擦角,(°);

R_m——煤岩体应力,MPa。

在充分考虑地表沙土层荷载传递效应的前提下,通过引入自然平衡拱理论修正基本顶结构经典力学模型中的参数 P_1,改进浅埋煤层开采过程中采空区煤岩体应力模型。

基本顶"三铰拱"结构煤岩体应力为:

$$R_1 = \frac{1}{K(1+K)}\left(\frac{2K^2 + K + 1}{2} - \frac{2K\tan\varphi_j}{i - \sin\theta_1}\right)\left\{G_1 + \frac{4\gamma\left[a + h\tan\left(45° - \frac{\varphi}{2}\right)\right]^2}{3f}\right\}$$

$$\tag{4-20}$$

基本顶"单斜"结构煤岩体应力为:

$$R_2 = \left[1 - \frac{(1 + 2i\tan\theta_{1\max})(1 + \tan\varphi'\tan\varphi_j)}{2(1 - \tan\varphi'\tan\theta_{1\max})}\right]\left\{G_1 + \frac{4\gamma\left[a + h\tan\left(45° - \frac{\varphi}{2}\right)\right]^2}{3f}\right\}$$

(4-21)

式中 G_1——基岩块自重,kN。

4.3.3 基本顶周期垮落

4.3.3.1 覆岩结构

工作面持续推进,采场上方基本顶悬臂梁不断伸长,承载覆岩重力逐渐增大,超过基本顶极限强度时,悬臂岩梁断裂,煤岩体充满采空区,破断岩梁块与已垮落基本顶关键块构成"短砌体梁"或"台阶岩梁"结构。

模拟工作面推进至 55 m 时发生第 1 次周期垮落,基本顶破断产生台阶下沉,地表沙土层"拱状"破坏范围增大,拱的跨度约为 64 m,高度约为 26 m;当工作面推进 72 m 时,基本顶悬臂岩梁周期破断,采动影响波及地表,地表沙土层"拱梁"结构消失,从工作面煤壁正上方地表向采空区周期性产生斜向下贯通裂缝,切分沙土层成柱状,依靠周围沙土体摩擦力的支撑作用维持自身平衡,基本顶承受荷载为沙土柱自重克服两侧摩擦力后剩余的压力。受采动影响沙土柱整体塌陷,宽度近似基本顶垮落步距,如图 4-34 所示。

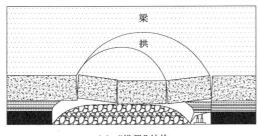

(a)"拱梁"结构

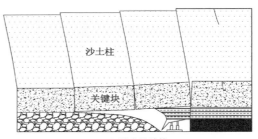

(b)沙土柱结构

图 4-34   周期来压覆岩结构

4.3.3.2 力学模型

(1)沙土层"拱梁"结构

普氏理论仍适用于地表沙土层"拱梁"结构荷载分析,力学模型同式(4-13)。

(2)沙土层"柱状"结构

沙土柱法是指将克服摩擦阻力后的沙土柱自重近似为地表沙土层荷载。研究表明:普氏理论计算沙土层荷载最大,沙土柱法居中,太沙基法最小。当长壁开采工作面覆岩垮落跨度过大时,普氏理论不再适用。所以,就其余两种算法保守选取沙土柱法计算沙土层荷载。同时,地表沙土层厚度为 54 m、内摩擦角为 27° 的赋存条件完全满足沙土柱法的适用条件。沙土柱法假设:沙土层内聚力 c 为 0;工作面上方的两个破裂面分别与采场前后侧面重合,沙土柱结构力学模型如图 4-35 所示。

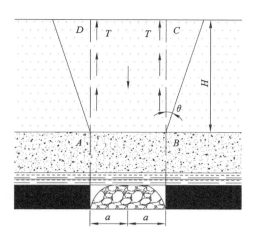

图 4-35　沙土柱结构力学模型

根据沙土柱法的假设条件,确定沙土柱 $ABCD$ 的自重和摩擦力。沙土柱自重为:

$$Q = 2a\gamma H \tag{4-22}$$

式中　$2a$——采场跨度,m;

　　　γ——沙土层重度,kN/m³;

　　　θ——滑移面与采场两侧夹角,$\theta = 45° - \dfrac{\varphi}{2}$,(°);

　　　H——沙土层厚度,m。

沙土柱侧面总摩擦力为:

$$T = \gamma H^2 \tan^2 \left(45° - \frac{\varphi}{2} \right) \tan \varphi \tag{4-23}$$

式中　φ——沙土层内摩擦角,(°)。

根据假设条件,基本顶关键块承受沙土层荷载为:

$$P_1 = \frac{Q - T}{2a} = \gamma H \left[1 - \frac{H \tan^2 \left(45° - \dfrac{\varphi}{2} \right) \tan \varphi}{2a} \right] \tag{4-24}$$

（3）基本顶"悬臂梁"结构

假设开采初期基本顶悬臂梁结构承受地表沙土层均布荷载作用,发生弯曲下沉,梁尾端产生抑制这种弯曲变形的接触摩擦阻力,简化力学模型如图 4-36 所示。

一般条件下,基本顶岩体是刚性体,很难产生弯曲变形,也是脆性体,容易发生剪切破坏。因此,基本顶悬臂岩梁弯曲下沉过程中产生的弯拉破坏并非其破坏的主导诱因,仅是在岩梁周期性破断前起到生成和积聚微裂隙作用。基本顶悬臂岩梁长度增加,承受荷载增大,达到极限抗剪强度,悬臂梁结构发生剪切破断。设悬臂梁破断面为矩形断面,如图 4-37 所示,根据材料力学相关理论分析悬臂梁内部产生的最大剪应力。

悬臂梁任意单位宽度矩形横截面上的最大剪切应力为:

$$\tau_{\max} = \frac{3F_s}{2h} \tag{4-25}$$

式中　$\tau_{\max}$——横截面上的最大剪切应力,MPa;

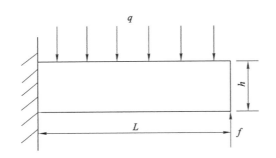

图 4-36　悬臂梁结构力学模型

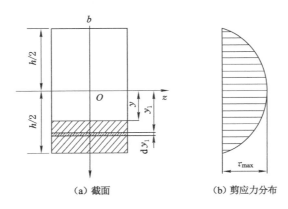

（a）截面　　　　　　　（b）剪应力分布

图 4-37　矩形截面剪应力分布

F_s——横截面上的剪力，kN；

h——横截面高度，m。

悬臂梁轴向剪切应力 τ 的分布如图 4-38 所示。梁嵌固端剪切应力最大为 $qL-f=(1-\xi\tan\varphi)qL$，此处最易发生剪切破坏。将最大剪切应力代入式（4-25）得：

$$\tau_{\max}=\frac{3(qL-f)}{2h}=\frac{3(1-\xi\tan\varphi)qL}{2h}=\frac{3}{2}(1-\xi\tan\varphi)\left(\gamma+\frac{\gamma_0}{J_z}\right)L \qquad (4\text{-}26)$$

式中　q——荷载集度，kN/m；

L——悬臂岩梁跨度，m；

f——摩擦阻力，kN；

φ——岩层平均内摩擦角（30°～40°），（°）；

ξ——水平挤压力比例因子（$\xi=0.3\sim0.45$，根据实践经验，竖直切落取小值，其他切落形式取大值）；

J_z——基载比；

γ_0——沙土层重度，kN/m³；

γ——基岩层重度，kN/m³。

基载比越小，悬臂梁剪切应力越大，覆岩越容易切落破坏。设岩石极限抗剪强度为 $[\tau]$，令 $\tau_{\max}=[\tau]$，则顶板极限切落步距为：

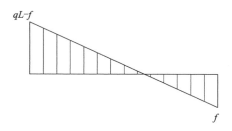

图 4-38　轴向剪切应力分布

$$L_Q = \frac{2[\tau]}{3(1 - \xi \tan \varphi)\left(\gamma + \dfrac{\gamma_0}{J_z}\right)} \qquad (4\text{-}27)$$

　　由于薄基岩基本顶悬臂梁尺寸较小,断面间接触广泛且紧密,回转受限,基岩对工作面支架的"给定变形"荷载较低,这也合理解释了为什么浅埋煤层开采非来压期间采场矿压显现缓和。同时,基本顶悬臂梁周期剪切破断过程中,破断岩梁块与采空区侧垮落基本顶关键块摩擦接触形成"短砌体梁"或"台阶岩梁"结构。

　　(4)基本顶"短砌体梁"结构

　　基本顶悬臂梁架前切落失稳与垮落关键块构成"短砌体梁"结构,其力学模型如图 4-39 所示,块度接近 1 的破断岩块彼此铰接构成平衡结构。

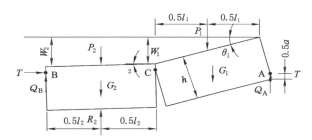

图 4-39　"短砌体梁"结构力学模型

　　A 铰接处水平推力为:

$$T = \frac{4i\sin\theta_{1\max} + 2\cos\theta_1}{2i + \sin\theta_{1\max}(\cos\theta_1 - 2)}(P_1 + G_1) \qquad (4\text{-}28)$$

　　A 铰接处剪切力为:

$$Q_A = \frac{4i - 3\sin\theta_{1\max}}{4i + 2\sin\theta_{1\max}(\cos\theta_{1\max} - 2)}(P_1 + G_1) \qquad (4\text{-}29)$$

　　如图 4-40 所示,破断岩块相互挤压形成平衡结构。

　　A 铰接处水平推力为:

$$T = \frac{P_1 + G_1}{i + \sin\theta_1 - 2\sin\theta_{1\max}} \qquad (4\text{-}30)$$

　　A 铰接处剪切力为:

$$Q_A = P_1 + G_1 \qquad (4\text{-}31)$$

　　工作面继续推进,基本顶"短砌体梁"或"台阶岩梁"结构很难维持自身平衡,发生回转

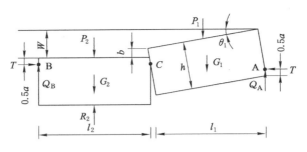

图 4-40 "台阶岩梁"结构力学模型

或滑落失稳。根据相关文献,22616 工作面地表沙土层厚度为 54 m,破断基岩块度为 1.38,基岩基本顶"短砌体梁"或"台阶岩梁"结构极易滑落失稳,这是浅埋煤层工作面来压期间矿压显现强烈和台阶下沉明显的根本原因,也是顶板溃水、溃沙灾害的直接诱因。

4.3.3.3 模型改进

(1) 同理,引入自然平衡拱理论修正基本顶结构经典力学模型中的参数 P_1,改进浅埋煤层开采过程中采空区煤岩体应力模型。基本顶"短砌体梁"结构煤岩体应力为:

$$R_3 = \frac{4i(1 - 2\sin\theta_{1max}\tan\varphi_j) - 3\sin\theta_{1max} - 4\cos\theta_{1max}\tan\varphi_j}{4i + 2\sin\theta_{1max}(\cos\theta_{1max} - 2)} \left\{ G_1 \frac{4\gamma\left[a + h\tan\left(45° - \dfrac{\varphi}{2}\right)\right]^2}{3f} \right\}$$

(4-32)

基本顶"台阶岩梁"结构煤岩体应力为:

$$R_4 = \frac{i - 2\sin\theta_{1max} + \sin\theta_1 - \tan\varphi_j}{i - 2\sin\theta_{1max} + \sin\theta_1} \left\{ G_1 \frac{4\gamma\left[a + h\tan\left(45° - \dfrac{\varphi}{2}\right)\right]^2}{3f} \right\}$$

(4-33)

(2) 引入沙土柱法修正基本顶结构经典力学模型中的参数 P_1,改进浅埋煤层开采过程中采空区煤岩体应力模型。基本顶"短砌体梁"结构煤岩体应力为:

$$R_5 = \frac{4i(1 - 2\sin\theta_{1max}\tan\varphi_j) - 3\sin\theta_{1max} - 4\cos\theta_{1max}\tan\varphi_j}{4i + 2\sin\theta_{1max}(\cos\theta_{1max} - 2)}$$
$$\left\{ G_1 + \gamma H\left[1 - \frac{H\tan^2\left(45° - \dfrac{\varphi}{2}\right)\tan\varphi}{2a}\right] \right\}$$

(4-34)

基本顶"台阶岩梁"结构煤岩体应力为:

$$R_6 = \frac{i - 2\sin\theta_{1max} + \sin\theta_1 - \tan\varphi_j}{i - 2\sin\theta_{1max} + \sin\theta_1} \left\{ G_1 + \gamma H\left[1 - \frac{H\tan^2\left(45° - \dfrac{\varphi}{2}\right)\tan\varphi}{2a}\right] \right\}$$

(4-35)

综上所述,浅埋煤层开采覆岩动态响应明显不同于普通埋深煤层,工作面基本顶初次破断模式为 X 形,破断岩块在回转下沉过程中相互挤压、咬合构成三铰拱结构,随着工作面推进该结构很快失稳,形成单斜岩块结构,地表沙土层出现"松脱拱状"塌落,产生上方为"梁"下方为"拱"的"拱梁"结构。工作面持续推进,基本顶周期破断模式为半 X 形,破断基本顶关键块形成"短砌体梁"或"台阶岩梁"结构,伴随着工作面不断推进,关键块结构周期失稳,地表沙土层"拱状"破坏范围扩大,开切眼煤壁上方覆岩裂隙与采场煤壁上方覆岩裂缝全部贯通地表,切分沙土层成沙土柱,沙土柱整体塌陷,宽度近似基本顶周期垮落步距。而工作面倾向覆岩结构基本未受到工作面推移的影响,覆岩结构较为稳定。工作面倾向地表沙土层通过相互挤压作用形成压力拱结构,拱内围岩呈垮落拱形式下沉,构成"复合压力拱"结构。两端桥拱与"内压力拱"组成铰接结构,主要承担悬空围岩重力;"外压力拱"拱脚位于两端实体煤内,横跨整个工作面,主要承担上部松散层重力并将其传至拱脚。工作面倾向长度增加,"内压力拱"合并抬升与"外压力拱"重合,在拉剪作用下拱肩处岩体破裂产生一个更大的"外压力拱"。同时,破碎围岩体相互铰接生成更多的"内压力拱"。正是由于浅埋煤层开采过程中覆岩走向和倾向存在的结构作用,使覆岩荷载表现出明显的传递特征。

4.4　本章小结

(1) 相似试验模拟分析 22616 工作面开采走向覆岩运动规律,覆岩关键层和松散沙土层均存在一定结构,覆岩并非以其全部重力作用于采空区煤岩体,而是存在一定的荷载传递效应。

(2) FLAC^{3D}数值模拟分析 22616 工作面开采倾向覆岩运动规律,采空区覆岩呈垮落拱状逐层垮落,工作面越长垮落拱越大。

(3) 相似试验与数值模拟结果表明:浅埋采空区走向和倾向覆岩均形成了岩块铰接结构,走向岩块铰接结构随工作面推进动态前移,而倾向岩块铰接结构受工作面推移的影响较小。

(4) 考虑覆岩荷载传递效应,采用普氏理论和沙土柱法修正浅埋采场基本顶结构经典力学模型参数,建立浅埋采空区煤岩体应力空间变化数学模型。

(5) 不论是采空区走向剖面还是倾向剖面,采空区中部区域煤岩体应力最大,越靠近边界,煤壁附近煤岩体应力越小,整体上以采空区中点为对称轴近似呈椭圆台状分布。

第5章 煤矿地下水库空隙时空分布规律

煤矿地下水库煤岩体空隙率除了与采空区岩体强度、块度、级配等密切相关,还主要受控于应力环境。本章根据煤矿地下水库煤岩体应力空间变化规律,分析岩体空隙时空分布规律。

5.1 煤岩体应力变化规律

5.1.1 覆岩结构分区

在工作面回采过程中,采场前方煤体始终承受上覆岩层压力和采空区覆岩转移过来的附加应力,附加应力随着采空区悬顶面积增大而增大,达到极限峰值后突然释放。基本顶来压,顶板大面积垮落,逐渐填满采空区形成"触矸",煤岩体承担部分覆岩压力,改善工作面前方煤体应力集中,峰值应力降低,缓解顶板来压。同时,由于相邻岩层沉积层面为力学薄弱面,层面上下岩层岩性成分和颗粒胶结结构不同,力学性质存在明显差异,覆岩下沉过程中各岩层不协调变形,出现层间脱离,失去相互束缚和制约,岩层内部在拉伸和剪切应力作用下形成纵向裂隙,产生自身体积膨胀效应,对上部岩体支撑作用不断增强,直至采空区覆岩移动趋于稳定。因此,浅埋煤层开采覆岩结构随工作面推移而动态变化特征使得采空区不同位置覆岩结构具有显著差异,沿工作面走向、倾向和竖直方向对采空区覆岩结构进行分析。

浅埋煤层顶板一般为单一关键层结构,在工作面开采过程中很难形成"梁"或"板"结构。根据相似试验和采动覆岩结构特征研究,基本顶周期性悬露、断裂和垮落过程中,覆岩全厚切落,台阶下沉明显,破断角较大,直接波及地表,采空区覆岩结构出现明显分区现象。

5.1.1.1 走向结构

沿采空区走向覆岩结构可划分为基本顶悬臂梁结构区、关键块结构区和切落体结构区,对应地表沙土层主要分为"拱梁"和"沙土柱体"结构区,如图 5-1 所示。

（1）基本顶悬臂梁结构区

地下煤层采出后,原始应力平衡被破坏,覆岩下沉移动,基本顶断裂前以梁或板的形式控制覆岩局部或整体活动,基本顶断裂后在采空区边界煤壁附近以悬臂梁的形式继续作为承载主体,依附在基本顶上的地表沙土层产生少量变形。在一定条件下,这种结构将长期存在于采空区边界煤壁上方。

（2）关键块结构区

远离煤壁向采空区中部过渡区域,采动影响未波及地表,基本顶破断块体形成"台阶岩

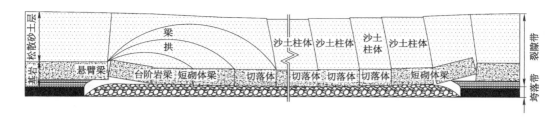

图 5-1　覆岩走向结构

梁"或"短砌体梁"结构,地表沙土层形成"拱梁"结构。

（3）切落体结构区

采空区中部区域,采动裂隙贯通地表,基本顶关键块结构滑落失稳,沙土层"拱梁"结构破坏,基本顶破断块和沙土柱整体切落。

5.1.1.2　倾向结构

沿采空区倾向覆岩结构可以分为上、中、下三个区,如图 5-2 所示。上、下两区基本顶悬臂梁结构支撑覆岩荷载,而中部区域,基本顶形成破断岩块铰接结构,沙土层中存在"压力拱"结构。此外,采空区倾向一般为采空区的短边,研究表明采场覆岩空间结构的演化高度受采空区短边长度控制,一定斜长工作面覆岩空间结构的演化高度具有最大值。

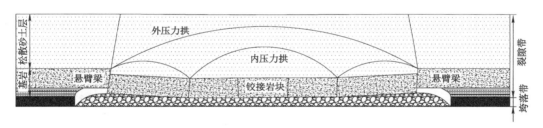

图 5-2　覆岩倾向结构

5.1.1.3　竖直方向结构

煤层采出后顶板失去支撑而悬空,随着工作面推进,悬顶面积增大,承载自身重力和上覆岩层压力增大,直接顶垮落,上覆岩层中支撑能力小于直接顶的岩层将随之同步垮落。直到覆岩中出现支撑能力比直接顶更大的岩层,承担自身重力和上部岩层压力,称为第二支撑层,直接顶为第一支撑层。工作面持续推进,悬顶面积扩大,第二支撑层应力增大,达到极限强度时破断、垮落,覆岩中支撑能力小于第二支撑层的岩层同步垮落,直至出现第三个支撑能力更强的岩层。遵循这个运动规律,采空区覆岩逐层垮落直达地表,在三维空间上形态近似呈圆顶椭球台状,在水平切面上大致呈扁回形,在垂直剖面上基本呈梯形。同时,沿采空区竖直方向覆岩形成"两带"结构,即垮落带和裂隙带,如图 5-1 和图 5-2 所示。

（1）垮落带

垮落带位于采空区底部,煤岩体较为破碎、杂乱堆积,存在大量空隙,堆积空间远大于岩石实体体积,即煤岩体的碎胀特性。因此,采空区很容易被填满,煤岩体与悬顶岩层接触形成"触矸",悬顶岩层在煤岩体支撑作用下不再垮落,而是缓慢下沉逐渐压实煤岩体。由于煤岩破碎的不可逆性,被压实的煤岩体仍存在一定的体积膨胀特性。

(2)裂隙带

裂隙带位于垮落带之上,与垮落带相接的裂隙带下部岩体伴有大量横向离层空隙和层内纵向裂隙,是采空区上覆岩层中水和气体纵向运移的主要通道;裂隙带中上部岩体一般只含有横向离层空隙,而较少存在层内纵向裂隙,导水和储气性能较弱;裂隙带上部岩体受到下部体积膨胀岩层带的支撑作用,下沉受限,仅产生少量裂隙,岩体较完整。

5.1.2 应力变化模型

浅埋煤层上覆基岩层往往表现出单一关键层的特点,依附在其上的松散沙土层具有一定的自身稳定性,并非以其全部重力作用于下部基岩层,伴随着采煤工作面推移顶板,基岩层周期性破断形成不同铰接岩块结构,上部沙土层结构也随之不断改变。因此,浅埋采空区覆岩结构具有明显的空间差异特性,不同覆岩结构荷载传递作用显著不同,作用于煤岩体的应力非线性变化。换而言之,煤矿地下水库煤岩体应力变化主要是浅埋采空区覆岩结构差异造成的。

5.1.2.1 走向应力

浅埋煤层长壁垮落法开采,顶板自然垮落充填采空区,根据采空区走向覆岩结构分区对应划分煤岩体走向应力分区,即低应力区、应力升高区和应力平稳区。同时,建立XZ坐标系,X轴布置在基岩层上界面,表示距煤壁长度,Z轴布置于开切眼煤壁上,表示基岩层下沉量,沙土层荷载为P_z,基岩关键块荷载为Q,如图5-3所示。采用数学方法将各分区煤岩体应力抽象、简化为合理的数量关系,推导出煤岩体应力空间变化数学方程式。

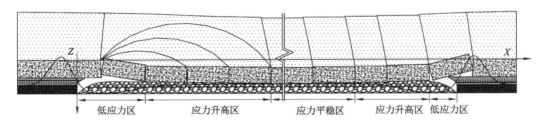

图 5-3 采空区走向煤岩体应力变化

(1)低应力区

采空区煤岩体应力主要源自上覆岩层压力,邻近边界煤柱的基本顶悬臂梁结构限制了覆岩对煤岩体的应力作用,使得停采线或开切眼附近煤岩体应力明显低于其他位置,称此区域为低应力区。利用基本顶悬臂梁剪切破坏时的极限切落块长度计算采空区煤岩体低应力区范围为:

$$L_{zd} = L_Q = \frac{2\tau_{max}}{3(1 - \xi\tan\varphi)\left(\gamma + \frac{\gamma_0}{J_z}\right)} \tag{5-1}$$

式中　$\tau_{\max}$——岩层最大剪切应力，MPa。

根据煤壁附近采空区覆岩有限应力作用原理，距边界煤壁越近，覆岩对煤岩体施加的应力越小，因此，设定低应力区范围内煤岩体应力为 0。

（2）应力升高区

远离走向边界煤壁，采空区基岩基本顶逐渐断裂、切落，基本顶"短砌体梁"或"台阶岩梁"结构滑落或回转变形失稳，煤岩体承受应力逐渐增大，称该区域为应力升高区。根据 King 提出的采空区围岩荷载模型计算采空区煤岩体应力升高区范围为：

$$\begin{cases} L_{zs} = \dfrac{2L_S}{\gamma H} = \dfrac{2H^2 \cdot \tan\beta \cdot \gamma}{2\gamma H} - L_{zd} = H\tan\beta - L_{zd} & \left(\dfrac{H}{D} \leqslant \dfrac{1}{2\tan\beta}\right) \\[4mm] L_{zs} = \dfrac{2L_{SS}}{\gamma H} = \dfrac{2\left(\dfrac{HD}{2} - \dfrac{D^2}{8\tan\beta}\right) \cdot \gamma}{\gamma H} - L_{zd} = D - \dfrac{D}{4H \cdot \tan\beta} - L_{zd} & \left(\dfrac{H}{D} > \dfrac{1}{2\tan\beta}\right) \end{cases}$$

$$(5\text{-}2)$$

式中　L_S——煤岩体承载集中荷载，kN；

$\quad\quad H$——工作面埋深，m；

$\quad\quad \gamma$——覆岩重度，kN/m³；

$\quad\quad \beta$——煤岩体支承扩展角，(°)；

$\quad\quad L_{SS}$——煤岩体所承受附加荷载，kN；

$\quad\quad D$——工作面长度，m。

针对 22616 工作面长度 350 m、埋深 83 m 的赋存条件，采空区煤岩体应力升高区范围为 $L_{zs} = H\tan\beta - L_{zd}$。

由于浅埋煤层开采基本顶断裂形成的"短砌体梁"或"台阶岩梁"结构已在采矿界是公认的，因此，针对应力升高区覆岩基本顶"短砌体梁"或"台阶岩梁"结构，可运用钱鸣高教授提出的基本顶砌体梁结构模型对基本顶结构骨架进行应力分析。其中，基本顶"短砌体梁"或"台阶岩梁"铰接关系力学模型如图 5-4 所示。

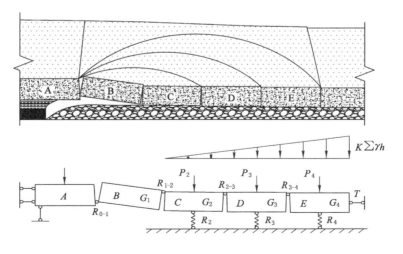

图 5-4　岩块铰接结构力学模型

根据静力平衡条件，从左到右分别取 4 个铰接点，每个铰接点的右边部分对铰取矩平衡得：

$$\begin{cases} \sum F_x = 0 \\ \sum F_y = 0 \\ \sum M = 0 \end{cases} \tag{5-3}$$

即

$$T(h - S_1) - R_{0-1}l_1 + Q_1l_1/2 = 0 \tag{5-4}$$

$$T(h - S_1) - R_{1-2}l_1 - Q_1l_1/2 = 0 \tag{5-5}$$

$$TS_2 + R_{1-2}l_2 + R_2l_2/3 - Q_2l_2/2 - P_2l_2/3 = 0 \tag{5-6}$$

$$-TS_2 + R_{2-3}l_2 + 2R_2l_2/3 - Q_2l_2/2 - 2P_2l_2/3 = 0 \tag{5-7}$$

$$TS_3 - R_{2-3}l_3 + 4R_3l_3/9 - Q_3l_3/2 - 4P_3l_3/9 = 0 \tag{5-8}$$

$$-TS_3 + R_{3-4}l_3 + 5R_3l_3/9 - Q_3l_3/2 - 5P_3l_3/9 = 0 \tag{5-9}$$

$$TS_4 - R_{3-4}l_4 + 7R_4l_4/15 - Q_4l_4/2 - 7P_4l_4/15 = 0 \tag{5-10}$$

$$-TS_4 + 8R_4l_4/15 - Q_4l_4/2 - 8P_4l_4/15 = 0 \tag{5-11}$$

$$\begin{bmatrix} 1 & & & -\dfrac{h-S_1}{l_1} \\ & -1 & & \dfrac{h-S_1}{l_1} \\ & 1 & \dfrac{1}{3} & S_2/l_2 \\ & & \dfrac{2}{3} \quad 1 & -S_2/l_2 \\ & & -1 \quad \dfrac{4}{9} & S_3/l_3 \\ & & \dfrac{5}{9} \quad 1 & -S_3/l_3 \\ & & -1 \quad \dfrac{7}{15} & S_4/l_4 \\ & & \dfrac{8}{15} & -S_4/l_4 \end{bmatrix} \cdot \begin{bmatrix} R_{0-1} \\ R_{1-2} \\ R_2 \\ R_{2-3} \\ R_3 \\ R_{3-4} \\ R_4 \\ T \end{bmatrix} = \begin{bmatrix} Q_1/2 \\ Q_1/2 \\ Q_2/2 + P_2/3 \\ Q_2/2 + 2P_2/3 \\ Q_3/2 + 4P_3/9 \\ Q_3/2 + 5P_3/9 \\ Q_4/2 + 7P_4/15 \\ Q_4/2 + 8P_4/15 \end{bmatrix} \tag{5-12}$$

解得：

$$T = \frac{10Q_1 + 5Q_2 - Q_3}{\dfrac{20(h-S_1)}{l_1} + \dfrac{30S_2}{l_2} - \dfrac{18S_3}{l_3} + \dfrac{15S_4}{l_4}} \tag{5-13}$$

将 T 作为一个常量，则：

$$R_{0-1} = Q_1/2 + T(h - S_1)/l_1 \tag{5-14}$$

$$R_{1-2} = T(h - S_1)/l_1 - Q_1/2 \tag{5-15}$$

$$R_2 = (Q_1 + Q_2)/2 + P_2/3 - T(h - S_1)/l_1 - TS_2/l_2 \tag{5-16}$$

$$\vdots$$

$$R_4 = 15Q_4/16 + P_4 + TS_4/l_4 \tag{5-17}$$

式中　　T——水平推力，kN；

$\quad\quad R_i$——煤岩体对基本顶岩块的支撑力，kN；

$\quad\quad R_{i,i+1}$——第 i 块与第 $i+1$ 块岩块之间的剪切力，kN；

$\quad\quad Q_i$——岩块的自重，kN；

$\quad\quad l_i$——第 i 块的长度，m；

$\quad\quad S_i$——第 i 块岩块两端的下沉量之差，m；

$\quad\quad h$——岩层厚度，m；

$\quad\quad P_i$——上覆岩层作用在岩块上的荷载，kN。

从采空区边界煤壁第一块岩块与第二块岩块的铰接处算起到近似压实范围内的各岩块所承受覆岩荷载呈三角形分布，最小为 0，最大为上覆岩柱残余重力。

$$P_i(x) = \gamma H \left[1 - \frac{H\tan^2\left(45° - \frac{\varphi}{2}\right)\tan\varphi}{2a} \right] + \frac{\gamma H\left[1 - \frac{H\tan^2\left(45° - \frac{\varphi}{2}\right)\tan\varphi}{2a} \right]}{L_s}(x - L_{zs})$$

(5-18)

式中　　R_i——煤岩体对岩块的支撑力，kN；

$\quad\quad L_{zs}$——采空区煤岩体应力升高区范围，m。

S_i 可以通过破断岩块下沉位移方程求得，基本顶砌体梁力学模型中岩块下沉位移曲线可近似为负指数函数：

$$W_x = W_{\max}(1 - e^{-x/2l})$$

(5-19)

式中　　W_x——计算点下沉位移，m；

$\quad\quad W_{\max}$——破断岩块最大下沉位移，m；

$\quad\quad x$——计算点距边界煤壁距离，m；

$\quad\quad l$——破断岩块长度，$l = h\sqrt{R_T/3q}$（R_T、h 为破断岩块的抗拉强度及厚度，q 为自重），m。

根据作用力与反作用力原理，R_i 为应力升高区煤岩体所承受覆岩的压应力 σ_{zs}，其值随与煤壁距离的增大呈非线性增大。

（3）应力平稳区

根据前文分析，当距边界煤壁距离达到采深的 1.2～1.4 倍时，采空区覆岩移动趋于稳定，煤岩体应力基本不变，表现为上覆岩柱荷载，称此区域为应力平稳区，如图 5-5 所示。

采空区煤岩体应力升高区范围为：

$$L_{zp} = \frac{1}{2}L_z - L_{zd} - L_{zs}$$

(5-20)

根据岩柱法计算应力平稳区煤岩体应力为：

$$\sigma_{zp} = \sum h\gamma \left[1 - \frac{H\tan^2\left(45° - \frac{\varphi}{2}\right)\tan\theta'}{2a} \right]$$

(5-21)

式中　　L_z——采空区走向长度，m；

$\quad\quad \sigma_{zp}$——应力平稳区煤岩体应力，MPa；

$\quad\quad \gamma$——上覆岩层平均体积力，kN/m³；

$\quad\quad \sum h$——埋藏深度，m。

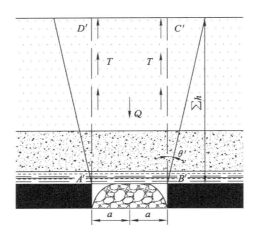

图 5-5　岩柱结构力学模型

综上所述,采空区走向各分区煤岩体应力均连续变化,煤壁附近煤岩体应力较小;远离煤壁,煤岩体应力逐渐增大;当距离增至一定值时,煤岩体应力恢复至原岩应力状态,并保持稳定。

5.1.2.2　倾向应力

沿浅埋采空区倾向煤岩体应力大体呈"三区"分布,即低应力区、应力升高区和应力平稳区,如图 5-6 所示。

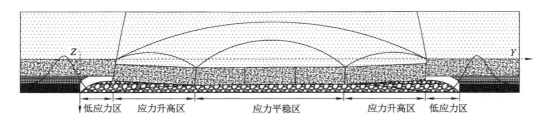

图 5-6　采空区倾向煤岩体应力变化

（1）低应力区

邻近采空区两端煤柱基本顶悬臂梁结构支撑覆岩荷载,煤岩体应力较低区域为低应力区。根据顶板初次来压和周期来压破坏特征,采用板的极限分析方法计算最大变形点,裂纹叉点 D 的位置即采空区煤岩体低应力区范围,如图 5-7 所示。

设矩形顶板在变形破坏过程中外力所做的功为 U_c,内力所做功为 U_i,则:

$$U_c = \frac{1}{6}qa(3b - 2x)\delta_w \tag{5-22}$$

$$U_i = 4M_p \frac{a^2 + 2bx}{ax}\delta_w \tag{5-23}$$

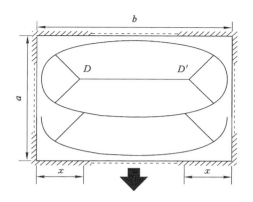

图 5-7　顶板结构极限破坏形式

式中　δ_w——板的最大挠度；

　　　M_p——岩层极限弯矩，$\text{kN} \cdot \text{m}$；

　　　x——破断最大变形点 D 到短边的距离，m；

　　　q——作用在坚硬岩层上的分布荷载，kN。

令 $U_c = U_i$，可得：

$$q = \frac{24M_p(a^2 + 2bx)}{a^2 x(3b - 2x)} \tag{5-24}$$

求式（5-24）极值，并令 $k = \dfrac{a}{b}$，$\beta = \sqrt{1 + 3\dfrac{b^2}{a^2}} - 1$，得：

$$x = \frac{a^2}{2b}\left(\sqrt{1 + 3\frac{b^2}{a^2}} - 1\right) = \frac{1}{2}k^2\beta b = L_{qd} \tag{5-25}$$

由式（5-25）可以看出 x 随着 k 降低而减小，说明采场中部岩层的变形规律越来越接近梁模式。同理，将低应力区煤岩体应力设为 0。

（2）应力升高区

远离边界煤柱向采空区中部趋近，煤岩体应力逐渐增大区域为应力升高区。参考采空区煤岩体走向应力升高区范围确定煤岩体倾向应力升高区范围为 $L_{qs} = H\tan\beta - L_{qd}$。

依据"OX"形破坏，采空区倾向中部顶板整体断裂，基本顶破断块形成铰接结构，地表沙土层形成拱梁结构。根据"短砌体梁"结构或"台阶岩梁"结构计算应力升高区煤岩体应力为：

$$\sigma_{qs} = \frac{4i(1 - 2\sin\theta_{1max}\tan\varphi_j) - 3\sin\theta_{1max} - 4\cos\theta_{1max}\tan\varphi_j}{4i + 2\sin\theta_{1max}(\cos\theta_{1max} - 2)}\left\{G_1 + \frac{4\gamma\left[a + h\tan\left(45° - \dfrac{\varphi}{2}\right)\right]^2}{3f}\right\}$$

或

$$\sigma_{qs} = \frac{i - 2\sin\theta_{1max} + \sin\theta_1 - \tan\varphi_j}{i - 2\sin\theta_{1max} + \sin\theta_1}\left\{G_1 + \frac{4\gamma\left[a + h\tan\left(45° - \dfrac{\varphi}{2}\right)\right]^2}{3f}\right\} \tag{5-26}$$

（3）应力平稳区

采空区中部煤岩体应力趋于稳定，原岩应力区域为应力平稳区，其范围为：

$$L_{qp} = \frac{1}{2}L_z - L_{qd} - L_{qs} \tag{5-27}$$

根据岩柱法计算应力平稳区煤岩体应力为：$\sigma_{qp} = \sum h\gamma\left[1 - \dfrac{H\tan^2\left(45° - \dfrac{\varphi}{2}\right)\tan\varphi}{2a}\right]$。

综上所示，无论是沿采空区走向还是倾向，各分区煤岩体应力均为连续变化，煤壁附近覆岩对煤岩体所施加应力较小；远离煤壁，煤岩体应力逐渐增大，当距离增至一定值时，煤岩体应力恢复至原岩应力状态。

5.1.2.3 应力空间分布模型

（1）覆岩两带划分

浅埋煤层开采上覆岩层由下而上逐步断裂、垮落，形成垮落带和裂隙带，而"两带"的分布形态将直接决定采空区煤岩体的应力状态。当开采煤层较厚，覆岩赋存坚硬、中硬、软弱岩层和三者互层，则覆岩垮落带和裂隙带高度的经验公式为：

$$H_k = \frac{100\sum M}{4.7\sum M + 19} \pm 2.2 \tag{5-28}$$

$$H_1 = \frac{100\sum M}{1.6\sum M + 3.6} \pm 5.6 \tag{5-29}$$

式中　H_k——垮落带高度，m；

H_1——裂隙带高度，m；

$\sum M$——开采高度，m。

根据式（5-28）和式（5-29）计算覆岩最大垮落带高度为 13.96 m，最大裂隙带高度为 48.7 m。因此，8 m 细粒砂岩关键层下部岩层全部垮落，关键层和沙土层处于裂隙带。

（2）应力模型建立

地下煤层开采引起的顶板垮落是一个受诸多因素影响的复杂系统，随着开采深度、采煤方法以及煤层产状等因素的改变，采空区煤岩体应力状态不尽相同。大量试验结果表明采场围岩应力变化与岩层运动是密切相关的，因此，可通过覆岩下沉移动研究采空区煤岩体的应力变化规律。

煤层采出后，破碎煤岩体碎胀特性使煤岩块很快填满采空区并与基本顶接触，基本顶下沉对煤岩体产生压实作用。同时，在煤岩体的支撑作用下，基本顶允许下沉空间受限，下沉移动可近似为弯曲变形。基于前文覆岩关键层判别及两带划分结果，覆岩 8 m 细粒砂岩关键层下沉位移即采空区煤岩体的压缩量。由于采空区走向和倾向长度较大，8 m 细粒砂岩层平面尺寸远大于厚度，因此可将其看成弹性薄板，采用薄板挠度弯曲理论分析 8 m 细粒砂岩层下沉形态，通过破碎煤岩体压缩量与应力的关系建立应力升高区煤岩体应力变化数学模型。

① 关键层下沉函数

地表沉陷盆地是采动覆岩移动变形在地表的最终显现，因此，8 m 细粒砂岩层下沉形态与地表沉陷盆地形状基本相似，仅范围相对缩小。由于煤岩体支撑作用，8 m 细粒砂岩层采动下沉移动轨迹近似倒立的椭球圆台状。

考虑建模需要,根据空间解析几何及岩层移动相关理论,建立 8 m 细粒砂岩关键层下沉移动轨迹坐标系,如图 5-8 所示。

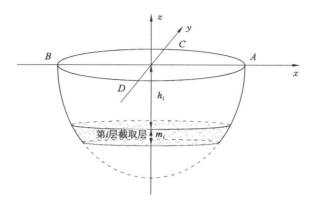

图 5-8　关键层下沉移动轨迹坐标系

坐标系原点设定于采空区正中央,此处为细粒砂岩层下沉量最大点,走向方向为 x 轴,沿工作面推进方向为正,反之为负,倾向方向为 y 轴,回风顺槽方向为正,运输顺槽方向为负,z 轴数值为竖直方向下沉量,边界条件应满足:

$$\frac{x^2}{p^2} + \frac{y^2}{q^2} = 1 \tag{5-30}$$

式中　p,q——椭球圆台的基本参数。

下沉移动范围满足的条件为:

$$0 \leqslant \frac{x^2}{p^2} + \frac{y^2}{q^2} \leqslant 1 \tag{5-31}$$

最终下沉移动轨迹近似倒立的椭球圆台,其数学表达式为:

$$z(x,y) = c_0 \left(\frac{x^2}{p^2} + \frac{y^2}{q^2} - 1 \right) \tag{5-32}$$

式中　c_0——岩层最大下沉量,m。

式(5-32)虽然在一定程度上可以用来描述覆岩关键岩层下沉移动轨迹,但是由于矿区地层赋存条件并不完全相同,最终上覆岩层下沉移动轨迹在竖直方向上的形状存在显著差异。为了更加全面、准确地描述岩层下沉移动轨迹,在式(5-32)中引入表征下沉移动轨迹在竖直方向的形态参数 α,并用 $Z_{\max}$ 代替式中 c_0,从而得到采空区覆岩关键层下沉移动轨迹表达式:

$$z(x,y) = z_{\max} \left(\frac{x^2}{p^2} + \frac{y^2}{q^2} - 1 \right)^{\alpha} \tag{5-33}$$

式中　$z_{\max}$——关键层最大下沉量,m;

　　α——关键层下沉移动轨迹竖直方向形态参数($0 < \alpha < 2$)。

综上所述,模型中参数 p、q 主要控制关键层下沉移动范围。由于主断面内采动覆岩下沉变形最充分,且影响范围最广泛,因此,$z(x,y)$ 和 $z_{\max}$ 主要控制关键层下沉位移及主断面内下沉曲线形状。在关键层下沉移动范围和最大下沉量确定的条件下,参数 α 主要控制关键层下沉移动轨迹在竖直方向上的形状。

为了使覆岩关键层挠度函数 $w(x,y)$ 更加符合实际,采用已建立的关键层下沉移动轨迹函数作为挠度函数方程,即式(5-33)同样满足薄板理论中的挠曲微分方程。

$$w(x,y) = w_{\max}\left(\frac{x^2}{p^2} + \frac{y^2}{q^2} - 1\right)^{\alpha} \tag{5-34}$$

联立式(5-30)和式(5-34),由薄板边界处 $w(x,y)=0$ 得:

$$\begin{cases} \dfrac{\partial w(x,y)}{\partial x} = \dfrac{2\alpha w_{\max}}{p^2}\left(\dfrac{x^2}{p^2} + \dfrac{y^2}{q^2} - 1\right)^{\alpha-1} x = 0 \\[3mm] \dfrac{\partial v(x,y)}{\partial y} = \dfrac{2\alpha w_{\max}}{q^2}\left(\dfrac{x^2}{p^2} + \dfrac{y^2}{q^2} - 1\right)^{\alpha-1} y = 0 \end{cases} \tag{5-35}$$

因此,由式(5-30)和式(5-35)可知薄板边界是夹支的,这与采空区覆岩关键层的实际状态相符。由于煤岩体具有阻挠作用,关键层不能完全向下弯曲,煤岩体对关键层的反力作用可采用文克勒弹性地基板地基反力系数描述。

根据有关文献,文克勒弹性地基板的弹性曲面函数微分方程为:

$$\frac{\partial^4 w(x,y)}{\partial x^4} + 2\frac{\partial^4 w(x,y)}{\partial x^2 \partial y^2} + \frac{\partial^4 w(x,y)}{\partial y^4} + \frac{Kw(x,y)}{D} = \frac{P}{D} \tag{5-36}$$

式中,

$$\frac{\partial^4 w(x,y)}{\partial x^4} = w_{\max}\left[\frac{12\alpha(\alpha-1)}{p^4}\left(\frac{x^2}{p^2}+\frac{y^2}{q^2}-1\right)^{\alpha-2} + \frac{48\alpha(\alpha-1)(\alpha-2)}{p^6}x^2\left(\frac{x^2}{p^2}+\frac{y^2}{q^2}-1\right)^{\alpha-3} + \right.$$

$$\left. \frac{16\alpha(\alpha-1)(\alpha-2)(\alpha-3)}{p^8}x^4\left(\frac{x^2}{p^2}+\frac{y^2}{q^2}-1\right)^{\alpha-4}\right] \tag{5-37}$$

$$\frac{\partial^4 w(x,y)}{\partial x^4} = w_{\max}\left[\frac{12\alpha(\alpha-1)}{p^4}\left(\frac{x^2}{p^2}+\frac{y^2}{q^2}-1\right)^{\alpha-2} + \frac{48\alpha(\alpha-1)(\alpha-2)}{p^6}x^2\left(\frac{x^2}{p^2}+\frac{y^2}{q^2}-1\right)^{\alpha-3} + \right.$$

$$\left. \frac{16\alpha(\alpha-1)(\alpha-2)(\alpha-3)}{p^8}x^4\left(\frac{x^2}{p^2}+\frac{y^2}{q^2}-1\right)^{\alpha-4}\right] \tag{5-38}$$

$$\frac{\partial^4 w(x,y)}{\partial^2 q^2} = w_{\max}\left[\frac{4\alpha(\alpha-1)}{p^2 q^2}\left(\frac{x^2}{p^2}+\frac{y^2}{q^2}-1\right)^{\alpha-2} + \frac{8\alpha(\alpha-1)(\alpha-2)}{p^2 q^2}\left(\frac{x^2}{p^2}+\frac{y^2}{q^2}\right)\left(\frac{x^2}{p^2}+\frac{y^2}{q^2}-1\right)^{\alpha-3} + \right.$$

$$\left. \frac{16\alpha(\alpha-1)(\alpha-2)(\alpha-3)}{p^4 q^4}x^2 y^2\left(\frac{x^2}{p^2}+\frac{y^2}{q^2}-1\right)^{\alpha-4}\right] \tag{5-39}$$

式中　P——关键层所承受荷载,kN;

　　　　D——关键层刚度,$D = \dfrac{Eh^3}{12(1-u^2)}$,MN·m;

　　　　K——煤岩体反力系数。

在近水平煤层矩形采空区条件下,由于地表沉陷盆地中心位置下沉量最大,因此,关键层岩板的最大挠度也位于板的中心位置,即 $w(x,y)=0$。联立式(5-36)至式(5-39),并代入 $x=0$,$y=0$,得:

$$(-1)^{\alpha-2} w_{\max}\left[\frac{4\alpha(\alpha-1)}{p^4 q^4}(3p^4 + 3q^4 + 2p^2 q^2) + \frac{K}{D}\right] = \frac{P}{D} \tag{5-40}$$

解得:

$$w_{\max} = (-1)^{2-\alpha}\frac{Pp^4 q^4}{4D\alpha(\alpha-1)(3p^4 + 3q^4 + 2p^2 q^2) + Kp^4 q^4} \tag{5-41}$$

将式(5-41)代入式(5-33)得：

$$z(x,y) = (-1)^{2-\alpha} \frac{Pp^4q^4}{4D\alpha(\alpha-1)(3p^4+3q^4+2p^2q^2)+Kp^4q^4} \left(\frac{x^2}{p^2}+\frac{y^2}{q^2}-1\right)^{\alpha} \quad (5\text{-}42)$$

② 椭球抛面参数

a. 基本参数。

对于水平或近水平煤层开采覆岩关键层下沉移动所形成的椭球圆台，选择其中的某一层，即相当于用两个平面截取椭球剖面得：

$$\begin{cases} \dfrac{x^2}{p_i^2(h_i-w_{\max})^2} + \dfrac{y^2}{q_i^2(h_i-w_{\max})^2} = 1 \\ w(x,y) = h_i \end{cases} \quad (5\text{-}43)$$

和

$$\begin{cases} \dfrac{x^2}{p_i^2(h_i-w_{\max})^2} + \dfrac{y^2}{q_i^2(h_i-w_{\max})^2} = 1 \\ w(x,y) = h_i + m_i \end{cases} \quad (5\text{-}44)$$

式中　h_i——截取层高度，m，

　　　m_i——截取层厚度，m。

测定截取层 4 个边界顶点坐标：$A(x_{i_0},0)$、$B(-x_{i_0},0)$、$C(y_{i_0},0)$ 和 $D(-y_{i_0},0)$，如图 5-8 所示，代入式(5-43)和式(5-44)可确定 p_i 和 q_i 值。同理，可确定椭球剖面不同高度截取层的 p_i 和 q_i 值。最终由式(5-45)计算椭球剖面 p 和 q 值，即

$$\begin{cases} p = \dfrac{1}{n}\sum_{i=1}^{n} p_i \\ q = \dfrac{1}{n}\sum_{i=1}^{n} q_i \end{cases} \quad (5\text{-}45)$$

b. 最大下沉量。

关键层的最大下沉量可通过现场实测获取，也可以利用经验公式计算，即

$$w_{\max} = M\mu\cos\theta \quad (5\text{-}46)$$

式中　M——煤层厚度，m；

　　　μ——下沉系数；

　　　θ——煤层倾角，(°)。

联立式(5-41)和式(5-46)，并代入 $x=0$，$y=0$，推导得到关键层最大下沉量的数学公式为：

$$z_{\max} = (-1)^{2-\alpha} \frac{Pp^4q^4}{4D\alpha(\alpha-1)(3p^4+3q^4+2p^2q^2)+Kp^4q^4} = M\mu\cos\theta \quad (5\text{-}47)$$

最终，由式(5-47)得：

$$\alpha = \frac{1+\sqrt{1+\dfrac{4Pp^4q^4}{M\mu\cos\theta[4D(3p^4+3q^4+2p^2q^2)+Kp^4q^4]}}}{2} \quad (5\text{-}48)$$

③ 煤岩体应力模型

根据煤岩体压缩试验，煤岩体轴向应力与压缩量满足指数函数关系式为：

$$\sigma = e^{a\Delta} + b \tag{5-49}$$

式中　　σ——轴向应力,MPa;

　　　　Δ——破碎煤岩体压缩量,m;

　　　　a、b——回归系数。

采空区煤岩体与覆岩关键层岩块紧密接触,并承受覆岩下沉压实作用。因此,利用关键层下沉量等效代替煤岩体压缩量,则煤岩体应力与压缩量之间的关系式为:

$$\sigma = e^{a\tau} + b \tag{5-50}$$

将式(5-42)代入式(5-50)得:

$$\sigma(x,y) = e^{a\left[(-1)^{2-\alpha}\frac{Pp^4q^4}{4D\alpha(\alpha-1)(3p^4+3q^4+2p^2q^2)+Kp^4q^4}\left(\frac{x^2}{p^2}+\frac{y^2}{q^2}-1\right)^\alpha\right]} + b \tag{5-51}$$

因此,式(5-51)为 22616 工作面采空区应力升高区煤岩体应力空间变化函数,在三维空间上近似为椭圆台状,竖直剖面上基本呈梯形,水平切面上大体为扁回形,如图 5-9 所示。

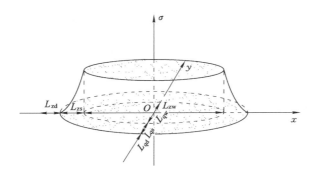

图 5-9　采空区煤岩体应力空间变化

结合采空区各应力分区煤岩体应力变化规律,煤岩体应力三维空间变化数学模型为:

$$\sigma(x,y)\begin{cases} G_1 + \gamma H\left[1 - \dfrac{H\tan^2\left(45° - \dfrac{\varphi}{2}\right)\tan\varphi}{2a}\right] & \left[\dfrac{x^2}{\left(\dfrac{l_z}{2}-L_{zd}-L_{zs}\right)^2} + \dfrac{y^2}{\left(\dfrac{l_q}{2}-L_{qd}-L_{qs}\right)^2} \leqslant 1\right] \\[3em] e^{a\left[(-1)^{2-\alpha}\frac{Pp^4q^4}{4D\alpha(\alpha-1)(3p^4+3q^4+2p^2q^2)+Kp^4q^4}\left(\frac{x^2}{p^2}+\frac{y^2}{q^2}-1\right)^\alpha\right]} + b & \\[2em] & \left[\dfrac{x^2}{\left(\dfrac{l_z}{2}-L_{zd}-L_{zs}\right)^2} + \dfrac{y^2}{\left(\dfrac{l_q}{2}-L_{qd}-L_{qs}\right)^2} \geqslant 1 且 \dfrac{x^2}{\left(\dfrac{l_z}{2}-L_{zd}\right)^2} + \dfrac{y^2}{\left(\dfrac{l_q}{2}-L_{qd}\right)^2} \leqslant 1, \quad \left(-\dfrac{l_z}{2}\leqslant x\leqslant\dfrac{l_z}{2}, -\dfrac{l_q}{2}\leqslant y\leqslant\dfrac{l_q}{2}\right)\right] \\[3em] 0 & \left[\dfrac{x^2}{\left(\dfrac{l_z}{2}-L_{zd}\right)^2} + \dfrac{y^2}{\left(\dfrac{l_q}{2}-L_{qd}\right)^2} \geqslant 1\right] \end{cases} \tag{5-52}$$

式中　　p——采空区煤岩体走向应力分布长度的一半,$p = \dfrac{l_z}{2} - L_{zd}$,m;

　　　　L_{zd}——采空区走向低应力区长度,m;

　　　　L_{zs}——采空区走向应力升高区长度,m;

　　　　L_q——采空区倾向长度,m;

L_{qd}——采空区倾向低应力区长度,m;

L_{qs}——采空区倾向应力升高区长度,m;

q——采空区煤岩体倾向应力分布长度的一半,$q = \dfrac{l_q}{2} - L_{qd}$,m。

5.1.2.4　模型验证

鉴于采空区具有不可接触性和危险性,采空区覆岩垮落形态及煤岩体应力变化规律研究给国内外学者带来了极大的困难。上文创新性地提出浅埋采空区煤岩体应力空间变化数学模型,取得了丰硕的研究成果。为了验证数学模型的合理性,对采空区煤岩体应力进行现场实测。

（1）现场测定

采空区煤岩体与底板间以点、线、面等不同形式相互接触,采动覆岩下沉压缩作用使得采空区煤岩体重新排列,部分点出现“空载”现象,应力在小范围内不均匀分布,但是在整个大区域内还是相对均匀的。根据这个特点,在采空区煤岩体应力测定过程中,应布置尽可能多的测点或尽量大的扩展测点覆盖面积。因此,在工作面回采过程中,当工作面推进0 m、15 m、75 m 和 150 m 时,分别在采场距运输巷道 0 m、5 m、25 m、175 m、325 m、345 m和 350 m 底板处布设应力测点,开挖凹槽安装 KS-Ⅱ型应力计,如图 5-10 所示。

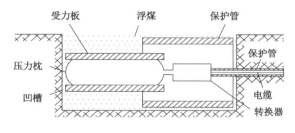

图 5-10　应力计布置

煤岩体应力通过受力板作用于压力枕,枕内液压由压力-频率转换器转换成电信号,经电缆传输至 KSE-Ⅰ型频率仪。然后,计算实测压力为:

$$P_i = K(f_0^2 - f_i^2) \tag{5-53}$$

式中　P_i——实测压力,MPa;

　　　K——应力计常数;

　　　f_0——无荷载频率,Hz;

　　　f_i——有荷载频率,Hz。

则对应实测应力为:

$$\sigma_i = P_i / S \tag{5-54}$$

式中　σ_i——实测应力,MPa;

　　　S——压力枕受力面积,m^2。

（2）结果分析

由现场测得数据绘制采空区倾向剖面煤岩体应力变化曲线,如图 5-11(a)所示。距开切眼 0 m 和 15 m 处测点应力曲线较为平缓,应力值较小,距开切眼 75 m 和 150 m 处测点应力曲线变化趋势大体一致,沿采空区倾向中部区域煤岩体被压实,应力最大,越靠近边界近煤壁应力越小,整体以工作面中点为对称轴呈拱形分布,说明沿采空区倾向顶板垮落拱是客观存在的,工作面越长,垮落拱越大。根据采空区倾向煤岩体应力对称分布特点,为了简化采空区走向煤岩体应力测定工作,仅在工作面一半区域上布设应力测点,采空区走向剖面煤岩体应力变化曲线如图 5-11(b)所示。距运输巷道 0 m 和 5 m 处测点应力曲线较为平缓,应力值较小,距运输巷道 25 m 和 175 m 处测点应力曲线变化趋势大体一致,沿采空区走向边界煤柱 75 m 范围内,越远离煤壁,煤岩体应力越大,与煤壁距离超过 75 m 时,煤岩体应力达到最大并趋于稳定。

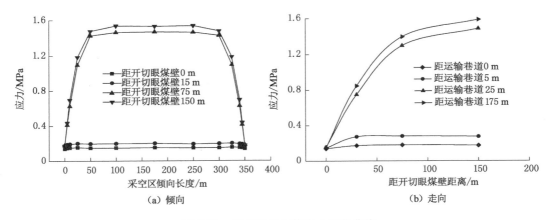

图 5-11　采空区煤岩体应力变化曲线

大量实测数据表明:对于水平或近水平煤层而言,不论是采空区走向剖面还是倾向剖面,垮落带不同高度煤岩体应力变化趋势基本相似,三维空间上近似椭圆台状分布。煤岩体最大应力区域位于采空区中部,最小应力区域分布在四周边界附近,距采空区边界一定距离处存在拐点,验证了煤矿地下水库煤岩体应力空间变化数学模型的合理性。

5.2　煤岩体空隙分布规律

5.2.1　碎胀系数分布模型

（1）煤岩体碎胀特性分布规律

根据前面相似试验和数值模拟结果,采空区四周边界基本顶悬臂梁结构及中部岩块铰接结构对覆岩荷载的不同的支撑作用,使得覆岩对煤岩体压力作用产生明显分区,形成一圈一圈连续变化的压力等值线,如图 5-12 所示。边界煤柱附近悬臂岩梁结构承载覆岩荷载,下部煤岩体自然堆积;远离煤壁,煤岩体承受覆岩压力增大,逐渐被压实;当采空区长度和宽度均超过 $(1.2 \sim 1.4) H_0$ (H_0 为采深)时,覆岩充分采动,煤岩体在近似原岩应力作用下被完全压实。

考虑浅埋煤层长壁开采特点,采空区呈长方体状,四周为实体煤,覆岩垮落呈正梯形分布,由于采空区不同位置煤岩体应力环境存在显著差异,根据煤岩体碎胀系数与应力的关系可推

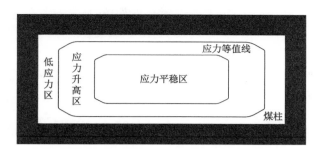

图 5-12　采空区煤岩体应力分区

断,煤岩体碎胀特性也呈非均匀分布,而具有明显的分区性。因此,根据采空区煤岩体应力分区特征划分碎胀特性分区,即自然堆积区、荷载影响区和压实稳定区,如图 5-13 所示。

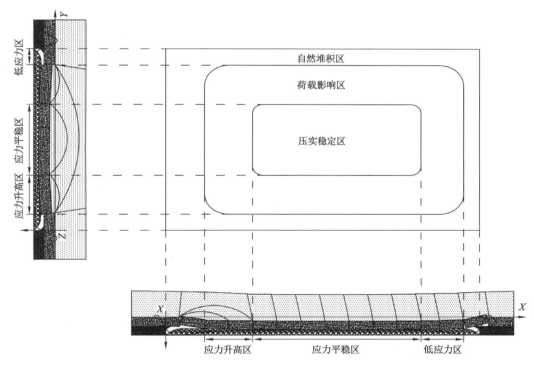

图 5-13　煤岩体碎胀特性空间分布示意图

自然堆积区:距采空区边界煤壁一个周期来压步距范围,在基本顶悬臂梁支撑作用下煤岩体未承受覆岩压力,处于自然堆积状态,碎胀系数最大。

荷载影响区:向采空区中部过渡区域,基本顶破断岩块结构将上覆岩层重力传递至边界煤体及采空区煤岩体上,煤岩体处于承压状态,逐渐被压实,碎胀系数减小。

压实稳定区:采空区中部覆岩充分下沉,煤岩体应力恢复至原岩应力,基本被压实,碎胀系数最小。

(2)煤岩体碎胀系数分布模型

由煤岩体变形试验可知:无论煤岩强度与块度如何,碎胀系数与轴向压力之间均满足对数关系。

$$k = g\ln p + f \tag{5-55}$$

式中　k——煤岩碎胀系数;

　　　p——轴向压力,MPa;

　　　g,f——回归系数。

因此,基于已建立的浅埋煤层采空区煤岩体应力变化模型,结合煤岩碎胀系数与应力关系,分析各分区煤岩体碎胀特性分布特征,建立方程式。

① 自然堆积区

自然堆积区煤岩体应力较小,呈松散堆积状态,碎胀系数最大。试验测定煤岩碎胀系数,并将其设为自然堆积区煤岩体的碎胀系数。

$$k_{自} = k_{测} \tag{5-56}$$

② 荷载影响区

荷载影响区煤岩体承受覆岩压力不断增大,碎胀系数逐渐减小。将式(5-51)代入式(5-55),推导得出荷载影响区煤岩体碎胀系数分布表达式:

$$k_{载} = g\ln\left\{e^{a\left[(-1)^{2-\alpha}\frac{Pp^4q^4}{4D\alpha(\alpha-1)(3p^4+3q^4+2p^2q^2)+Kp^4q^4}\left(\frac{x^2}{p^2}+\frac{y^2}{q^2}-1\right)^{\alpha}\right]}+b\right\}+f \tag{5-57}$$

③ 压实稳定区

压实稳定区煤岩体在上覆岩层近似原岩应力的作用下基本压实,碎胀系数最小。将式(5-21)代入式(5-55),推导压实稳定区煤岩体碎胀系数分布表达式:

$$k_{压} = g\ln\left\{\sum h\gamma\left[1-\frac{H\tan^2\left(45°-\frac{\varphi}{2}\right)\tan\varphi}{2a}\right]\right\}+f \tag{5-58}$$

综上所述,整个采空区煤岩体碎胀特性分布表达式为:

$$k(x,y)=\begin{cases} g\ln\left\{\sum h\gamma\left[1-\dfrac{H\tan^2\left(45°-\frac{\varphi}{2}\right)\tan\varphi}{2a}\right]\right\}+f & \left[\dfrac{x^2}{\left(\frac{l_z}{2}-L_{zz}-L_{zy}\right)^2}+\dfrac{y^2}{\left(\frac{l_q}{2}-L_{qz}-L_{qy}\right)^2}\leqslant 1\right] \\ g\ln\left\{e^{a\left[(-1)^{2-\alpha}\frac{Pp^4q^4}{4D\alpha(\alpha-1)(3p^4+3q^4+2p^2q^2)+Kp^4q^4}\left(\frac{x^2}{p^2}+\frac{y^2}{q^2}-1\right)^{\alpha}\right]}+b\right\}+f & \left[\dfrac{x^2}{\left(\frac{l_z}{2}-L_{zz}-L_{zy}\right)^2}+\dfrac{y^2}{\left(\frac{l_q}{2}-L_{qz}-L_{qy}\right)^2}\geqslant 1\text{且}\dfrac{x^2}{\left(\frac{l_z}{2}-L_{zz}\right)^2}+\dfrac{y^2}{\left(\frac{l_q}{2}-L_{qz}\right)^2}\leqslant 1\right] \\ k_{测} & \left[\dfrac{x^2}{\left(\frac{l_z}{2}-L_{zz}\right)^2}+\dfrac{y^2}{\left(\frac{l_q}{2}-L_{qz}\right)^2}\geqslant 1\text{且}\dfrac{x^2}{\left(\frac{l_z}{2}\right)^2}+\dfrac{y^2}{\left(\frac{l_q}{2}\right)^2}\leqslant 1\right] \end{cases} \tag{5-59}$$

式中　L_{zz}——采空区走向自然堆积区长度,m;

　　　L_{zy}——采空区走向荷载影响区长度,m;

　　　L_{qz}——采空区倾向自然堆积区长度,m;

　　　L_{qy}——采空区倾向荷载影响区长度,m。

5.2.2　空隙率分布模型

5.2.2.1　模型建立

（1）煤岩体碎胀系数与空隙率关系

采空区煤岩体空隙率可以用破碎状态下岩块之间的空隙体积与总体积之比表示，其表达式为：

$$\varphi = \frac{V' - V}{V'} \tag{5-60}$$

式中　φ——煤岩体空隙率；

　　　V'——垮落后破碎岩体的体积，m^3；

　　　V——垮落前完整岩体的体积，m^3。

而采空区煤岩体碎胀系数为岩体破碎后的散体体积与破碎前的完整体积之比，其表达式为：

$$k = \frac{V'}{V} \tag{5-61}$$

式中　k——煤岩体碎胀系数。

因此，根据煤岩体空隙率和碎胀系数定义可得到二者关系式为：

$$\varphi = \frac{V' - V}{V'} = 1 - \frac{V}{V'} = 1 - \frac{1}{V'/V} \tag{5-62}$$

式（5-62）可简化为：

$$\varphi = 1 - \frac{1}{k} \tag{5-63}$$

（2）煤岩体空隙分布特征

根据前文研究结论，煤矿地下水库煤岩体应力非线性变化导致碎胀系数非均匀分布。结合煤岩体碎胀系数与空隙率关系，揭示煤矿地下水库煤岩体空隙分布特征。煤矿地下水库煤岩体空隙分布特征与碎胀特性分布特征基本一致，具有如下特点。

根据煤岩体碎胀试验，煤矿地下水库煤岩体空隙率与强度之间的关系式为：

$$\varphi = u \ln \sigma + t \tag{5-64}$$

式中　σ——煤岩体强度；

　　　u, t——回归常数。

根据煤岩体碎胀试验，煤矿地下水库煤岩体空隙率与块度之间的关系式为：

$$\varphi = k \ln D + j \tag{5-65}$$

式中　D——煤岩体块度；

　　　k, j——回归常数。

根据煤岩体压实试验，煤矿地下水库煤岩体空隙率与应力之间的关系式为：

$$\varphi = 1 - \frac{1}{g \ln P + f} \tag{5-66}$$

式中　P——轴向应力，MPa；

　　　g, f——回归常数。

沿采空区水平方向,煤矿地下水库煤岩体空隙率与采厚和距边界煤壁距离之间的关系式为:

$$\frac{\varphi}{M} = ml + n \tag{5-67}$$

式中　M——煤层开采厚度,m;

　　　l——距边界煤壁距离,m;

　　　m,n——回归常数。

沿采空区竖直方向,煤矿地下水库煤岩体空隙率与距底板高度之间的关系式为:

$$\varphi = c\ln H + d \tag{5-68}$$

式中　H——距底板高度,$H<100$ m;

　　　c,d——回归常数。

（3）构建模型

煤矿地下水库不同位置处煤岩体空隙分布具有显著差异,根据煤岩体碎胀系数与空隙率的关系,推导得到煤矿地下水库煤岩体空隙率分布表达式。

自然堆积区:

$$\varphi(x,y) = 1 - \frac{1}{k_{测}} \tag{5-69}$$

荷载影响区:

$$\varphi(x,y) = 1 - \frac{1}{g\ln\left\{e^a\left[(-1)^{2-\alpha}\frac{Pp^4q^4}{4D\alpha(\alpha-1)(3p^4+3q^4+2p^2q^2)+Kp^4q^4}\left(\frac{x^2}{p^2}+\frac{y^2}{q^2}-1\right)^\alpha\right]+b\right\}+f} \tag{5-70}$$

压实平稳区:

$$\varphi(x,y) = 1 - \frac{1}{g\ln\left\{\sum h\gamma\left[1-\frac{H\tan^2\left(45°-\frac{\varphi}{2}\right)\tan\varphi}{2a}\right]\right\}+f} \tag{5-71}$$

煤矿地下水库煤岩体空隙率变化数学模型为:

$$\varphi(x,y)=$$

$$\begin{cases} 1-\dfrac{1}{g\ln\left\{\sum h\gamma\left[1-\dfrac{H\tan^2\left(45°-\frac{\varphi}{2}\right)\tan\varphi}{2a}\right]\right\}+f} & \left[\dfrac{x^2}{\left(\frac{l_z}{2}-L_{zz}-L_{zy}\right)^2}+\dfrac{y^2}{\left(\frac{l_q}{2}-L_{qz}-L_{qy}\right)^2}\leqslant 1\right] \\[30pt] 1-\dfrac{1}{g\ln\left\{e^a\left[(-1)^{2-\alpha}\frac{Pp^4q^4}{4D\alpha(\alpha-1)(3p^4+3q^4+2p^2q^2)+Kp^4q^4}\left(\frac{x^2}{p^2}+\frac{y^2}{q^2}-1\right)^\alpha\right]+b\right\}+f} & \\[10pt] & \left[\dfrac{x^2}{\left(\frac{l_z}{2}-L_{zz}-L_{zy}\right)^2}+\dfrac{y^2}{\left(\frac{l_q}{2}-L_{qz}-L_{qy}\right)^2}\geqslant 1\text{且}\dfrac{x^2}{\left(\frac{l_z}{2}-L_{zz}\right)^2}+\dfrac{y^2}{\left(\frac{l_q}{2}-L_{qy}\right)^2}\leqslant 1\right] \\[30pt] 1-\dfrac{1}{k_{测}} & \left[\dfrac{x^2}{\left(\frac{l_z}{2}-L_{zz}\right)^2}+\dfrac{y^2}{\left(\frac{l_q}{2}-L_{qz}\right)^2}\geqslant 1\text{且}\dfrac{x^2}{\left(\frac{l_z}{2}\right)^2}+\dfrac{y^2}{\left(\frac{l_q}{2}\right)^2}\leqslant 1\right] \end{cases}$$

$$\tag{5-72}$$

根据煤矿地下水库煤岩体常规加载试验和煤矿地下水库煤岩体恒载压实试验,由式(5-72)

推导得到水库煤岩体空隙率时空变化数学模型：

$$\varphi(x,y) =$$

$$
\begin{cases}
1 - \dfrac{1}{\left\langle g\ln\left\{\sum h\gamma\left[1 - \dfrac{H\tan^2\left(45° - \frac{\varphi}{2}\right)\tan\varphi}{2a}\right]\right\} + f\right\rangle[-0.0073\ln(t)+1.3461]} & \left[\dfrac{x^2}{\left(\frac{l_z}{2}-L_{zz}-L_{zy}\right)^2} + \dfrac{y^2}{\left(\frac{l_q}{2}-L_{qz}-L_{qy}\right)^2} \leqslant 1\right] \\[6mm]
1 - \dfrac{1}{\left\langle g\ln\left\{e^a\left[(-1)^{2-a}\dfrac{Pp^4q^4}{4Da(a-1)(3p^4+3q^4+2p^2q^2)+Kp^4q^4}\left(\frac{x^2}{p^2}+\frac{y^2}{q^2}-1\right)^a\right]+b\right\}+f\right\rangle[-0.0073\ln(t)+1.3461]} & \\[3mm]
& \left[\dfrac{x^2}{\left(\frac{l_z}{2}-L_{zz}-L_{zy}\right)^2} + \dfrac{y^2}{\left(\frac{l_q}{2}-L_{qz}-L_{qy}\right)^2} \geqslant 1 \text{且} \dfrac{x^2}{\left(\frac{l_z}{2}-L_{zz}\right)^2} + \dfrac{y^2}{\left(\frac{l_q}{2}-L_{qy}\right)^2} \leqslant 1\right] \\[6mm]
1 - \dfrac{1}{k_{测}} & \left[\dfrac{x^2}{\left(\frac{l_z}{2}-L_{zz}\right)^2} + \dfrac{y^2}{\left(\frac{l_q}{2}-L_{qz}\right)^2} \geqslant 1 \text{且} \dfrac{x^2}{\left(\frac{l_z}{2}\right)^2} + \dfrac{y^2}{\left(\frac{l_q}{2}\right)^2} \leqslant 1\right]
\end{cases}
$$

$$(5\text{-}73)$$

5.2.2.2 模型验证

（1）现场测定

根据浅埋采空区煤岩体碎胀特性相似试验的基本原理，利用上覆各岩层之间采动下沉量差异分析岩层空隙率分布特征。

同理，岩层空隙率可由覆岩竖直方向上两个相邻测点之间采动前后距离比表示：

$$\varphi = 1 - \frac{1}{k} = 1 - 1\Big/\frac{h'_{n-n+1}}{h_{n-n+1}} = 1 - \frac{h_{n-n+1}}{h'_{n-n+1}} \tag{5-74}$$

采动前后 n 与 $n+1$ 测点之间下沉量之差体现了两个测点间距离变化，故式（5-74）可转换为：

$$\varphi = 1 - \frac{h_{nn+1}}{h'_{nn+1}} = 1 - \frac{h_{nn+1}}{h_{nn+1}+\Delta w} = 1 - \frac{h_{nn+1}}{h_{n+1}+(w_n - w_{n+1})} \tag{5-75}$$

式中　φ——煤岩体空隙率；

$\quad\quad\Delta w$——两个相邻测点下沉量之差，m；

$\quad\quad w_n$——测点 n 的下沉量，m；

$\quad\quad w_{n+1}$——测点 $n+1$ 的下沉量，m。

因此，在 22616 工作面中部位置覆岩设定岩体内部监测孔，采用钢丝垂球法观测覆岩下沉量。

（2）结果分析

采空区覆岩竖直方向上不同高度测点下沉量与边界煤壁距离的关系如图 5-14 所示。

由于 22616 工作面地表沙土层厚度为 61 m，基岩厚度为 22 m，即距煤层顶板小于 15 m 的测点实测数据为垮落带岩体下沉量，距煤层顶板 20 m 测点实测数据为关键层下沉量，距煤层顶板 30 m 测点实测数据为沙土层下沉量。由此可以看出：

① 采空区边界煤壁 12 m 范围内，竖直方向各测点下沉量明显不一致，出现跳跃变化，

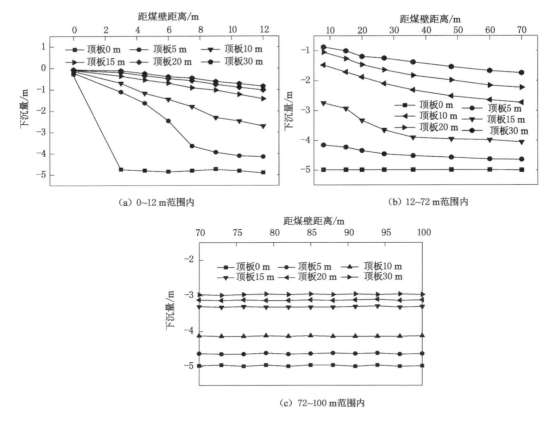

图 5-14　采空区覆岩下沉曲线

下沉量差值较大,表明该区域岩层空隙率较大。远离边界煤壁 72 m 范围内,竖直方向各测点下沉量逐渐增大,下沉量差值逐渐减小,表明该区域岩层空隙率随距煤壁距离增大而减小。距边界煤壁距离超过 72 m 时,竖直方向各测点下沉量及下沉量差值均趋于稳定,表明该区域岩层空隙率较小。

② 采空区顶板上方 12 m 范围内岩层下沉量较大,为全垮落,属于垮落带。垮落带内竖直方向各测点下沉量差异较明显,表明该区域岩层空隙率较大。顶板上方 12 m 以外区域岩层下层量随着高度增大逐渐减小,为弯曲变形,属于裂隙带,岩层空隙率普遍较小。

③ 沿采空区走向岩层空隙率分布具有明显对称性,边界空隙率最大,向中部过渡范围空隙率逐渐减小,中部区域空隙率最小,总体呈"U"形分布。同理,可推断采空区倾向岩层空隙率分布规律与走向基本一致。

5.3　本章小结

（1）根据相似试验,沿 22616 工作面采空区走向,边界煤柱附近煤岩体碎胀系数最大,向中间区域靠近碎胀系数逐渐减小并趋于稳定;沿竖直方向,碎胀系数随高度呈正相关变化;同时,煤岩体应力与碎胀系数均满足负对数函数关系。

（2）对应煤矿地下水库煤岩体应力分区划分碎胀特性分区,即自然堆积区、荷载影响区和压实稳定区,并建立各分区煤岩体碎胀系数分布数学模型。

（3）理论分析煤矿地下水库煤岩体空隙分布特征,边界煤柱附近煤岩体空隙率较大,远离煤壁空隙率逐渐减小直至稳定,且随着高度呈正相关变化。

（4）基于煤岩体碎胀系数与空隙率的特定关系,建立煤矿地下水库煤岩体空隙率分布数学模型。

（5）通过现场实测得到煤矿地下水库煤岩体空隙率三维空间分布近似呈倒立的椭圆台状,验证了煤矿地下水库煤岩体空隙率空间分布数学模型的合理性。

第6章 煤矿地下水库储水系数动态预测

作为煤矿地下水库储水空间的主要载体,采空区煤岩体不仅提供了大量空洞、空隙和裂缝,由于自身所具有的吸水性质也会使其吸收一部分水体。煤矿地下水库储水系数大小主要取决于煤岩体的空隙率和吸水率。本章在充分考虑二者的前提下,建立煤矿地下水库储水系数预测模型。

6.1 储水系数预测模型

6.1.1 模型参数

6.1.1.1 煤岩体空隙率

煤岩体空隙率作为煤矿地下水库储水系数预测的关键参数,受埋深、主要影响角正切值、饱水状态和压实时间等因素的影响。

（1）埋深及影响角

煤矿地下水库储水系数大小主要取决于采空区分区范围。自然堆积区和荷载影响区内岩体空隙多,储水空间大;压实稳定区岩体空隙少,储水空间小。由于埋深和主要影响角的正切值决定了采空区分区范围,因此,煤矿地下水库储水系数预测前应先明确采空区埋深和主要影响角的正切值。

（2）矿井水作用

根据煤矿地下水库煤岩体变形特性试验获取煤岩碎胀特性,运用式(5-63)换算对应空隙率。由于矿井水的软化、润滑等物理作用,在相同应力作用下,饱水煤岩抵抗变形能力减弱,压缩量增加,空隙率降低,平均降幅为10.9%。

6.1.1.2 煤岩体吸水率

煤矿地下水库储水工程中煤岩体破碎后的吸水率较垮落前完整状态明显增大,由于煤岩体处于饱和吸水状态,煤矿地下水库储水能力也随之显著增强。因此,煤矿地下水库储水系数预测模型必须考虑煤岩体吸水特性。

6.1.2 模型构建

6.1.2.1 垮落带空间体积

由上文研究结果可知:浅埋煤层开采覆岩裂隙带移动范围近似倒立的椭球圆台状,垮落带空间形状近似梯形台,如图 6-1 所示。

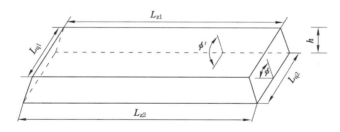

图 6-1　垮落带空间形状

假设煤矿地下水库垮落带空间分布为梯形台,则其体积为:

$$V_k = \frac{h}{3}\left[L_{z1} \cdot L_{q1} + L_{z2} \cdot L_{q2} + \sqrt{L_{z1} \cdot L_{q1} \cdot L_{z2} \cdot L_{q2}}\right]　\text{(6-1)}$$

式中　V_k——垮落带梯形台体积,m^3;

　　　h——垮落带梯形台高度,m;

　　　L_{z1}——垮落带梯形台顶面走向边长($L_{z1} = L_{z2} - 2h\cot\varphi$,$\varphi$ 为破断角),m;

　　　L_{q1}——垮落带梯形台顶面倾向边长($L_{q1} = L_{q2} - 2h\cot\varphi'$),m;

　　　L_{z2}——垮落带梯形台底面走向边长,即工作面走向长度,m;

　　　L_{q2}——垮落带梯形台底面倾向边长,即工作面倾向长度,m。

6.1.2.2　岩体堆积体积

煤矿地下水库煤岩体在覆岩压力作用下,压实状态具有明显分区性,整个堆积形态基本表现为椭球圆台,如图 6-2 所示。

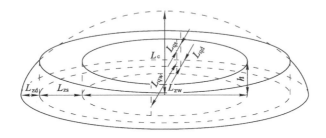

图 6-2　煤岩体堆积形态

假设煤矿地下水库煤岩体堆积形态为椭球圆台,其体积为:

$$V_y = \int_0^h S\mathrm{d}z = \int_0^h \mathrm{d}z \iint_{D_z} \mathrm{d}x\mathrm{d}y = \pi \cdot \frac{1}{2}L_{z2} \cdot \frac{1}{2}L_{q2} \int_0^h \left(1 - \frac{z^2}{c^2}\right)\mathrm{d}z = \frac{1}{4}\pi L_{z2} L_{q2}\left(h - \frac{h^3}{3c^2}\right)$$

(6-2)

式中　V_y——岩体椭球圆台体积,m^3;

　　　h——岩体椭球圆台竖直高度,m。

6.1.2.3　储水空间体积

（1）自由堆积区

裸露空间体积为：

$$V_{zlk} = V_k - V_y \tag{6-3}$$

煤岩体空隙体积为：

$$V_{zyk} = V_{zy}\varphi_z(x,y,z,t)\psi = \psi\int_0^h (c\ln z + d)\mathrm{d}z\iint_{S_3}\varphi_d(x,y,t)\mathrm{d}s \tag{6-4}$$

空间总体积为：

$$\begin{aligned}V_{zk} &= V_{zlk} + V_{zyk} = V_k - V_y + V_{zy}\varphi_z(x,y,z,t)\psi \\ &= V_k - V_y + \psi\int_0^h (c\ln z + d)\mathrm{d}z\iint_{S_3}\varphi_z(x,y,t)\mathrm{d}s\end{aligned} \tag{6-5}$$

式中　V_{zlk}——自然堆积区裸露空间体积，m^3；

V_{zyk}——自然堆积区煤岩体空隙体积，m^3；

V_{zk}——自然堆积区煤岩体空隙总体积，m^3；

S_3——自然堆积区煤岩体底面面积，$S_3 = \pi pq - \pi(p-L_{zz})(q-L_{qz})$，$\mathrm{m}^2$；

ψ——饱水煤岩体空隙率折减系数；

$\varphi_z(x,y,z,t)$——自然堆积区煤岩体空隙率；

t——时间，a。

（2）荷载影响区

煤岩体空隙体积为：

$$V_{yyk} = V_{yy}\varphi_y(x,y,z,t)\psi = \psi\int_0^h (c\ln z + d)\mathrm{d}z\iint_{S_2}\varphi_y(x,y,t)\mathrm{d}s \tag{6-6}$$

式中　V_{yyk}——荷载影响区煤岩体空隙体积，m^3；

S_2——荷载影响区煤岩体底面面积，m^2；

$S_2 = \pi(p-L_{zz})(q-L_{qz}) - \pi(p-L_{zz}-L_{zy})(q-L_{qz}-L_{qy})$，$\mathrm{m}^2$；

$\varphi_y(x,y,z,t)$——荷载影响区煤岩体空隙率。

（3）压实稳定区

煤岩体空隙体积为：

$$V_{wyk} = V_{wy}\varphi_w(x,y,z,t)\psi = \psi\int_0^h (c\ln z + d)\mathrm{d}z\iint_{S_1}\varphi_w(x,y,t)\mathrm{d}s \tag{6-7}$$

式中　V_{wyk}——压实稳定区煤岩体空隙体积，m^3；

S_1——压实稳定区煤岩体底面面积，$S_1 = \pi(p-L_{zz}-L_{zy})(q-L_{qz}-L_{qy})$，$\mathrm{m}^2$；

$\varphi_w(x,y,z,t)$——压实稳定区煤岩体空隙率。

煤矿地下水库储水空间总体积为：

$$V_{kk} = V_{zk} + V_{yyk} + V_{wyk} \tag{6-8}$$

式中　V_{kk}——煤矿地下水库储水空间总体积，m^3。

6.1.2.4　煤岩体吸水量

$$Q = (V_y - V_{zyk} - V_{yyk} - V_{wyk}) \cdot \omega \tag{6-9}$$

式中　Q——煤矿地下水库煤岩体吸水量,m^3;

　　　ω——煤矿地下水库煤岩体吸水率。

6.1.2.5　煤矿地下水库储水量

$$V_c = V_{kk} + Q \tag{6-10}$$

6.1.2.6　煤矿地下水库储水系数

煤矿地下水库储水系数为储水量与采空区体积之比,对于特定的采空区,数值较为固定。

$$K = V_c / V_k \tag{6-11}$$

式中　K——煤矿地下水库储水系数。

6.1.3　模型计算

选取拟建煤矿地下水库 22616 工作面采空区为研究对象,该工作面处于陕北侏罗纪煤田腹地,煤层厚度大、近水平、薄基岩、埋藏浅,采空区上覆岩层表现出单一关键层结构的特点,顶板台阶下沉破断,岩块整体切落,形成明显的"两带"分布。由前文分析结果可知:工作面采动覆岩垮落带空间分布形状近似梯形台,在覆岩压力作用下煤矿地下水库煤岩体堆积形态为椭球圆台,如图 6-3 所示。根据工作面采空区基本赋存条件,煤厚 5 m,走向长度 $L_z = 1\ 000.94$ m,走向垮落角 $\Phi = 66°$,倾向长度 $L_q = 350.95$ m,倾向垮落角 $\Phi' = 80°$,上覆岩层最大剪应力 $\tau_{\max} = 5.379$ MPa,基载比 $J_z = 0.54$,沙土重度 $\gamma_0 = 13.2$ kN/m^3,基岩层重度 $\gamma = 23.5$ kN/m^3,水平挤压力比例因子 $\xi = 0.45$,岩层平均内摩擦角 $\varphi = 40°$,煤岩体支承扩展角 $\beta = 36°$,关键层下沉系数 $\mu = 0.15$,细粒砂岩弹性模量 $E = 45$ GPa,泊松比 $u = 0.27$,垮落带高度 $h = 15$ m,煤岩体反力系数 $K = 6$ mN·m^3,空隙率衰减系数 $\psi = 0.89$。

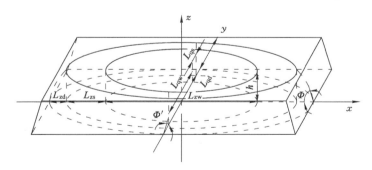

图 6-3　垮落带煤岩空间分布

将相关参数输入煤矿地下水库储水系数动态预测模型,预测 1 a 后的储水系数,预测过程如下。

（1）水库煤岩体各分区范围

① 走向低应力区:

$$L_{zd} = \frac{2\tau_{max}}{3(1-\xi\tan\varphi)\left(\gamma+\dfrac{\gamma_0}{J_z}\right)} = \frac{2\times53.79}{3\times(1-0.45\times\tan40°)\times\left(2.35+\dfrac{1.32}{0.54}\right)} = 12.02\ (\mathrm{m}),$$

对应倾向低应力区 $L_{qd} = 4.21$ m。

② 走向应力升高区：

$L_{zs} = H\tan\beta - L_{zd} = 83\times\tan41° - 12.02 = 60.13$（m），对应倾向应力升高区 $L_{qs} = 21.08$ m。

③ 走向应力平稳区：

$L_{zs} = H\tan\beta - L_{zd} = 83\times\tan41° - 12.02 - 2.60.13 = 856.64$（m），对应倾向应力平稳区 $L_{qs} = 124.89$ m。

（2）水库煤岩体应力空间变化

① 低应力区：

$$\sigma_d(x,y) = 0$$

② 应力升高区：

$$D = \frac{Eh^3}{12(1-u^2)} = \frac{15\times8^3}{12\times(1-0.27^2)} = 2.07\times10^6\,(\mathrm{MN\cdot m})$$

$$a = \frac{1+\sqrt{1+\dfrac{4Pp^4q^4}{M\mu\cos\theta\left[4D(3p^4+3q^4+2p^2q^2)+Kp^4q^4\right]}}}{2}$$

$$= \frac{1+\sqrt{1+\dfrac{4\times1.2\times6\,500.47^4\times175.475^4}{5\times0.15\times\left[4\times2.07\times10^9(3\times500.47^4+3\times175.475^4+2\times500.47^2\times175.475^2)+6\times500.47^4\times175.475^4\right]}}}{2}$$

$$= 1$$

$$\sigma_s(x,y) = e^a\left[(-1)^{2-a}\frac{Pp^4q^4}{4Da(a-1)(3p^4+3q^4+2p^2q^2)+Kp^4q^4}\left(\frac{x^2}{p^2}+\frac{y^2}{q^2}-1\right)^a\right]+b = e^{-3.74\left(\frac{x^2}{238\,583.41}+\frac{y^2}{29\,331.7}-1\right)}-1$$

应力平稳区：

$$\sigma_p(x,y) = \left[\gamma(h-H)+\gamma_0 H\right]\left[1-\frac{h\tan^2\left(45°-\dfrac{\varphi}{2}\right)\tan\varphi}{L_{zp}}\right]$$

$$= (23.5\times29+13.2\times54)\times\left[1-\frac{83\times\tan^2\left(45°-\dfrac{40°}{2}\right)\times\tan40°}{856.64}\right] = 1.37\,(\mathrm{MPa})$$

煤矿地下水库煤岩体应力空间变化数学模型为 $[-500.47\leqslant x\leqslant500.47, -175.475\leqslant y\leqslant175.475]$：

$$\sigma(x,y) = \begin{cases} 1.37 & \left(\dfrac{x^2}{428.32^2}+\dfrac{y^2}{150.185^2}\leqslant1\right) \\[3mm] e^{-3.74\left(\frac{x^2}{238\,583.41}+\frac{y^2}{29\,331.7}-1\right)}-1 & \left(\dfrac{x^2}{428.32^2}+\dfrac{y^2}{150.185^2}\geqslant1\ \text{且}\ \dfrac{x^2}{488.45^2}+\dfrac{y^2}{171.265^2}\leqslant1\right) \\[3mm] 0 & \left(\dfrac{x^2}{488.45^2}+\dfrac{y^2}{171.265^2}\geqslant1\right) \end{cases}$$

由此式绘制煤矿地下水库煤岩体应力变化曲面如图 6-4 所示。采空区四周煤柱附近煤岩体应力较小,而中部区域煤岩体应力较大。

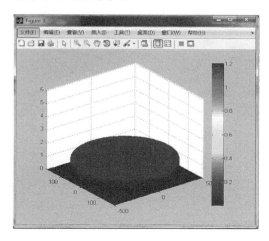

图 6-4　煤岩体应力变化曲面

(3) 水库煤岩体空隙分布

煤矿地下水库煤岩体空隙率分布数学模型为:

$$\varphi(x,y)=\begin{cases}0.075 & \left(\dfrac{x^2}{428.32^2}+\dfrac{y^2}{150.185^2}\leqslant 1\right)\\[4mm]1-\dfrac{1}{-0.0073\ln(t)+\left\{1.12-0.09\ln\left[e^{-3.74\left(\frac{x^2}{238\,583.41}+\frac{y^2}{29\,331.7}-1\right)}-1\right]\right\}}\\[2mm] & \left(\dfrac{x^2}{428.32^2}+\dfrac{y^2}{150.185^2}\geqslant 1\text{且}\dfrac{x^2}{488.45^2}+\dfrac{y^2}{171.265^2}\leqslant 1\right)\\[4mm]0.35 & \left(\dfrac{x^2}{488.45^2}+\dfrac{y^2}{171.265^2}\geqslant 1\text{且}\dfrac{x^2}{500.47^2}+\dfrac{y^2}{175.475^2}\leqslant 1\right)\end{cases}$$

由此式绘制煤矿地下水库煤岩体空隙率分布曲面,如图 6-5 所示。水库四周煤柱附近煤岩体空隙率较大,而中部区域煤岩体空隙率较小。通过上述实际算例分析,预测结果与实际情况基本吻合。

(4) 水库煤岩体空隙体积

① 自由堆积区

$$V_k = \frac{h}{3}\left[L_{z1}\cdot L_{q1}\cdot L_{z2}\cdot L_{q2}+\sqrt{L_{z1}\cdot L_{q1}\cdot L_{z2}\cdot L_{q2}}\right]$$

$$=\frac{15}{3}\times\left[(1\,000.94-2\times15\cot 66°)\times(350.95-2\times15\cot 80°)+\right.$$

$$\left. 1\,000.94\times350.95+\sqrt{987.59\times345.66\times351\,279.89}\right]$$

$$=5\,194\,699.65\,(\text{m}^3)$$

$$V_y=\frac{1}{4}\pi L_{z2}L_{q2}\left(h-\frac{h^3}{3c^2}\right)=\frac{1}{4}\times3.14\times1\,000.94\times$$

$$350.95\times\left(15-\frac{15^3}{3\times68.9^2}\right)=4\,070\,972.03\,(\text{m}^3)$$

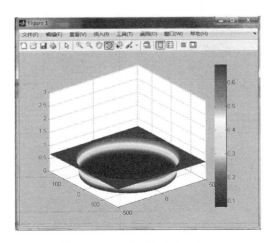

图 6-5 煤岩体空隙率分布曲面

$$V_{zlk} = V_k - V_y = 5\ 194\ 699.65 - 4\ 070\ 972.03 = 1\ 123\ 727.61 \text{（m}^3\text{）}$$

$$V_{zyk} = \psi \int_0^h (c\ln z + d)\mathrm{d}z \iint_{S_3} \varphi_z(x,y)\mathrm{d}s$$

$$= 0.89 \int_0^{15} (0.096\ln z - 0.34)\left(1 - \frac{z^2}{68.9^2}\right)\mathrm{d}z \iint_{S_3} 0.35\mathrm{d}s = 32\ 712.58 \text{（m}^3\text{）}$$

$$V_{zk} = V_{zlk} + V_{zyk} = 1\ 123\ 727.61 + 32\ 712.58 = 1\ 156\ 440.19 \text{（m}^3\text{）}$$

② 荷载影响区

$$V_{yyk} = 0.89 \int_0^{15} (0.096\ln z - 0.34)\mathrm{d}z$$

$$\iint_{S_2} \left\{ 1 - \frac{1}{-0.007\ 3\ln(t) + \left\{1.12 - 0.09\ln\left[\mathrm{e}^{-3.74\left(\frac{x^2}{238\ 583.41} + \frac{y^2}{29\ 331.7} - 1\right)} - 1\right]\right\}} \right\}\mathrm{d}s$$

$$= 113\ 788.6 \text{（m}^3\text{）}$$

③ 压实稳定区

$$V_{wyk} = 0.89 \int_0^{15} (0.096\ 1nz - 0.34)\mathrm{d}z \iint_{S_1} 0.075\mathrm{d}s = 151\ 490.65 \text{（m}^3\text{）}$$

煤矿地下水库煤岩体空隙总体积：

$$V_{kk} = V_{zk} + V_{yyk} + V_{wyk} = 156\ 440.19 + 11\ 378.6 + 151\ 490.65 = 1\ 421\ 719.44 \text{（m}^3\text{）}$$

（5）水库煤岩体吸水量

$$Q = (V_y - V_{yk} - V_{yyk} - V_{wyk}) \cdot \omega$$

$$= (4\ 070\ 972.03 - 32\ 712.58 - 113\ 788.6 - 151\ 490.65) \times 2.3\%$$

$$= 86\ 778.55 \text{（m}^3\text{）}$$

（6）水库储水量

$$V_c = V_{kk} + Q = 1\ 421\ 719.44 + 86\ 778.55 = 1\ 508\ 497.99 \text{（m}^3\text{）}$$

（7）水库储水系数

$$K = V_c / V_k = 1\ 508\ 497.99 / 5\ 194\ 699.65 = 0.29$$

6.2　模型计算结果验证

6.2.1　试验方案

6.2.1.1　试验装置

　　自主研制出一种煤矿地下水库储水系数测定试验装置,主要包括四大系统:注排水系统、储水系统、加载系统和监测系统,如图 6-6 所示。

图 6-6　煤矿地下水库储水系数测定装置

6.2.1.2　试验方法

　　选用一定体积铁槽模拟采空区垮落带空间,根据煤矿地下水库煤岩体岩性、块度和级配特征,向其装填特制的相似材料煤岩碎块并进行分区加载。待相似材料煤岩碎块压实稳定后,注水测定储水系数。当注水液面与加载相似煤岩碎块顶面平齐时,注入水量与铁槽体积之比为煤矿地下水库储水系数。

　　(1)试样制备

　　根据矿井地质资料,拟建煤矿地下水库采空区垮落带岩体主要为砂岩、泥岩及少量残留煤屑,其中煤屑薄薄一层铺于采空区底部,泥岩含量较小,分布于采空区中下部,而大部分砂岩充满采空区的中上部。工作面检修班下井采样,现场丈量垮落带破碎岩体(砂岩和泥岩)块度、统计不同块度比例,见表 6-1。并根据《煤和岩石物理力学性质测定方法 第 1 部分:采样一般规定》(GB/T 23561.1—2009)的规定及煤岩体混合比例估算结果进行相似比率取样,总计 100 kg。

表 6-1　煤岩样块度及比例

块度/m	比例
>5	5%
3.75～5	10%

表 6-1(续)

块度/m	比例
2.5～3.75	15%
1.25～2.5	25%
0～1.25	45%

为了满足相似材料煤岩既具有极弱的渗透性与吸水性,还能在长期水浸条件下保持一定强度而不松散的要求,结合煤岩力学性质,选用河砂为骨料,碳酸钙和石膏为辅助胶结材料,石蜡为抗水性改性材料,制备防水煤岩相似材料,如图 6-7 所示。

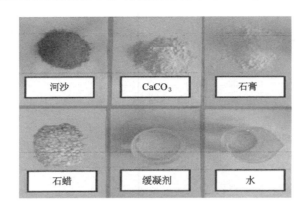

图 6-7　煤岩相似材料

不同固相材料配合比相似材料煤岩试样,随着石蜡掺量增加,抗压强度增大。当石蜡掺量达到 8% 以上时,试样抗压强度改善不明显;而渗透率随着石蜡掺量增加近似呈线性降低,且各组试样渗透率取值和变化规律趋于一致,如图 6-8 所示,材料固相配合比一定时,相似材料煤岩抗水性主要由石蜡掺量控制。通过大量配合比试验确定符合试验要求的相似材料煤岩配合比,见表 6-2。

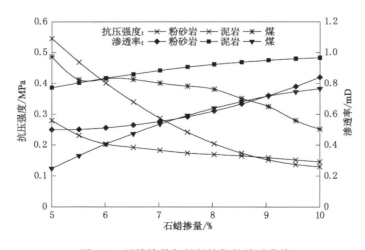

图 6-8　石蜡掺量与材料性能的关系曲线

表 6-2　相似材料煤岩配合比

相似材料	$m_{砂子}:m_{碳酸钙}:m_{石膏}$	石蜡掺量/%	水质量百分比/%
粉砂岩	7:5:5	8	12
泥岩	7:6:4	8	12
煤	9:7:3	8	12

　　对应煤岩实际强度、块度及质量百分比制备相似材料煤岩试样,其中,相似材料煤样破碎成屑,相似材料岩样破碎成块。如图 6-9 所示,0~5 cm 块度比例为 45%,包含相似材料砂岩和泥岩,块度大于 5 cm 后全部为相似材料砂岩,5~10 cm 块度比例为 25%,10~15 cm 块度比例为 15%,15~20 cm 块度比例为 10%,大于 20 cm 块度比例为 5%。参照采空区垮落带煤岩块空间分布情况装填煤岩碎块,铁槽底部为相似材料煤屑,中下部为相似材料泥岩块,中上部为相似材料砂岩块,如图 6-10 所示。

图 6-9　相似材料岩块块度

图 6-10　相似材料煤岩块装填状态

（2）应力加载

　　采空区煤岩体应力主要源自上覆岩层压力,如图 6-11 所示。根据采空区煤岩体应力分区,按照几何相似比 1:25 和应力相似比 1:148 进行模型分区加载。低应力区不加载为 0 MPa,应力恢复区荷载为 0.9 MPa,应力稳定区荷载为 1.2 MPa。

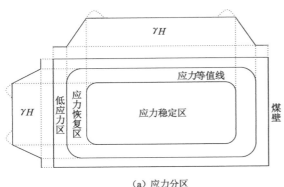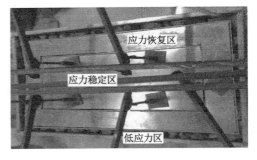

（a）应力分区　　　　　　　　　　　（b）分区加载

图 6-11　采空区煤岩体应力分区

6.2.2　试验结果

（1）注水位

待相似材料煤岩碎块压实稳定之后，以 1.3 m³/h 的恒定流量向铁槽内注水（现场采集矿井水），并观测水位线和记录注水量，直至水位线与压实相似材料煤岩块顶面平齐。注水过程中，水位随着时间增加呈非均匀上升。注水初期，水位上升速度较快，呈显著直线变化，达到 145 mm/min 时，为水位线性快速升高阶段；持续注水 3 min 之后，水位上升速度减慢，呈明显上凹变化，平均速度为 31.4 mm/min，为非线性快速升高阶段。继续注水 9 min之后，水位上升速度放缓，变化较小，直至 13 min 时才注满铁槽，平均 5.5 mm/min，为水位缓慢升高阶段，如图 6-12 所示。

（a）模型注水　　　　　　　　　　　（b）水位

图 6-12　模型注水及水位变化曲线

通过铁槽不断注水和放水模拟煤矿地下水库循环储用矿井水过程，在此期间铁槽内各应力加载分区顶面位移随着时间变化曲线如图 6-13 所示。

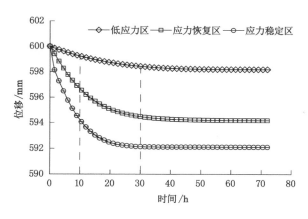

图 6-13　各分区顶面位移变化曲线

不同应力加载分区顶面下沉位移量存在一定差异,应力稳定区顶面下沉量最大,应力恢复区下沉量次之,低应力区下沉量最小,但是各应力加载分区顶面下沉位移变化趋势较一致,均随时间非匀速降低。试验初期(前 10 h),各应力分区顶面下沉位移变化均较快,且该阶段各应力分区顶面下沉位移量均较大;中期(10～30 h),各应力分区顶面下沉位移变化均放缓,下沉位移量均减小;后期(30 h 后),各应力分区顶面下沉位移趋于稳定,下沉位移量基本无变化。最终,应力稳定区顶面下沉位移为 7.89 mm,相应应力恢复区和低应力区顶面下沉位移分别为 5.81 mm、1.83 mm,即各应力分区顶面下沉位移具有显著的分区特征。

（2）储水量

随着铁槽各应力分区顶面下沉,进一步压实相似材料煤岩碎块,铁槽储水空间持续被压缩,储水量不断减小,由 0.242 9 m³ 降至 0.239 7 m³。对应铁槽各应力分区顶面下沉位移变化过程也可以将储水量变化划分为 3 个阶段,前 10 h 为储水量快速减小阶段,由 0.242 9 m³降至 0.240 9 m³;10～30 h 期间为储水量缓慢减小阶段,由 0.240 9 m³ 降至 0.239 7 m³;30 h后为储水量稳定阶段,基本维持在 0.239 7 m³ 不变,如图 6-14 所示。

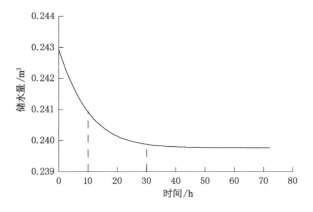

图 6-14　储水量随时间变化曲线

（3）储水系数

利用注入水量与铁槽体积的比值预测煤矿地下水库储水系数。根据铁槽长、宽、高尺寸确定其体积，由储水系数公式 $K=V_注/V_铁$ 计算煤矿地下水库储水系数。同理，按照上述步骤重复进行 3 组试验，取 3 组试验结果的算术平均值作为最终储水系数，见表 6-3。煤矿地下水库储水系数存在明显的空间分布特性和时间变化效应。在空间上，沿煤矿地下水库竖直方向储水系数随高度增加而增大，沿水平方向与边界坝体距离越远储水系数越小；在时间上，煤矿地下水库储水系数随时间增加不断减小。试验结果 0.266 与模型预测结果 0.29 较接近，验证了模型的可靠性，为煤矿地下水库储水系数预测研究提供了一条新途径。

表 6-3　储水系数测定结果

铁槽尺寸/m		体积/m³	注水量/m³	储水系数	平均值
长	1.5		0.239 7	0.266	
宽	1.0	0.9	0.238 4	0.265	0.266
高	0.6		0.241 5	0.268	

6.2.3　App 程序

MATLAB 作为一种科学技术计算的高性能语言，是现今最常用的科技应用软件之一。其强大的科学计算与可视化功能、简单易用及开放式可扩展环境，使其在各个行业中都有广泛的应用。本书采用 MATLAB 编程语言构建煤矿地下水库储水系数动态预测软件系统。

煤矿地下水库储水系数动态预测软件系统可通过输入界面或者书写器输入工作面边界点坐标、岩层属性、煤层属性及煤岩体属性等参数，通过数据修改菜单栏的三个菜单命令进行所有信息（工作面信息、预测参数、新采工作面信息）的修改，实现了煤矿地下水库储水系数动态预测，同时创建了手机 App 程序。手机 App 界面如图 6-15 所示。

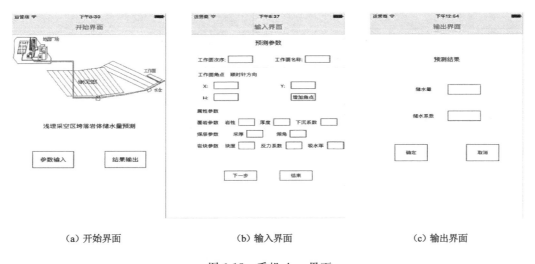

（a）开始界面　　　　　　（b）输入界面　　　　　　（c）输出界面

图 6-15　手机 App 界面

6.3　本章小结

（1）考虑饱水条件岩体吸水特性及储水结构特征，建立煤矿地下水库储水系数预测模型，并对其相关参数进行确定。以 22616 工作面为工程背景，应用煤矿地下水库储水系数预测模型计算矿井采空区储水系数为 0.29。

（2）通过自主研制的试验装置测定 22616 工作面采空区储水系数为 0.266，与模型计算结果较为一致，验证了模型的合理性。

（3）采用 MATLAB 编程语言实现煤矿地下水库储水系数动态预测，同时创建了手机 App 程序。

第 7 章　结　　论

本书针对神东矿区煤矿地下水库工程中存在的储水系数预测难题,以拟建煤矿地下水库 22616 工作面为工程背景,采用相似试验、数值模拟、现场实测和理论分析等方法对煤矿地下水库煤岩体力学特性及储水系数预测进行了系统研究。主要研究结论如下:

(1) 从矿区浅埋煤层赋存特征、水资源分布特点和储水条件等方面分析了煤矿地下水库工程背景、技术特点和储水系数影响因素。

(2) 试验分析了煤矿地下水库煤岩体矿物成分及细观结构,测定煤岩体吸水率及力学性质参数,运用麦夸特法和通用全局优化法拟合煤岩体应力与碎胀系数之间的对数关系。

(3) 根据浅埋煤层开采覆岩运动规律,分析了采空区覆岩结构特征,构建了走向和倾向覆岩力学结构,划分了煤岩体应力分区,建立了煤矿地下水库煤岩体应力空间变化数学模型。

(4) 基于煤岩体碎胀系数与应力关系,对应煤矿地下水库煤岩体应力分区划分碎胀特性分区,分析了各分区煤岩体碎胀特性分布特征,推导出煤岩体碎胀系数分布数学模型。

(5) 探讨了煤岩体碎胀系数与空隙率之间的关系,理论分析了煤矿地下水库煤岩体空隙分布特征,并建立了数学模型。

(6) 考虑饱水条件煤岩体吸水和空隙特性,提出了煤矿地下水库储水系数动态预测模型,进行实例计算,并通过自主研发试验装置对预测结果进行了校验,二者结果较为一致。

参 考 文 献

[1] 陈晓祥,苏承东,唐旭,等.饱水对煤层顶板碎石压实特征影响的试验研究[J].岩石力学与工程学报,2014,33(增1):3318-3326.

[2] 陈晓源,张蕾,李应芳,等.多夹层盐穴储库沉渣碎胀-膨胀系数试验研究[J].矿业研究与开发,2013,33(2):34-37.

[3] 褚廷湘,姜德义,余明高.承压颗粒煤逐级加载下渗透特性实验研究[J].中国矿业大学学报,2017,46(5):1058-1065.

[4] 范立民,孙魁,李成,等.西北大型煤炭基地地下水监测背景、思路及方法[J].煤炭学报,2020,45(1):317-329.

[5] 方杰,宋洪庆,徐建建,等.考虑有效应力影响的煤矿地下水库储水系数计算模型[J].煤炭学报,2019,44(12):3750-3759.

[6] 高岩堂.大柳塔矿区分布式地下水库数值模拟及优化调度[D].北京:清华大学,2015.

[7] 顾大钊.煤矿地下水库理论框架和技术体系[J].煤炭学报,2015,40(2):239-246.

[8] 顾大钊."能源金三角"地区煤炭开采水资源保护与利用工程技术[J].煤炭工程,2014,46(10):34-37.

[9] 顾大钊,张勇,曹志国.我国煤炭开采水资源保护利用技术研究进展[J].煤炭科学技术,2016,44(1):1-7.

[10] 韩科明.扰动因素影响下老采空区覆岩变形破坏规律数值模拟研究[C]//2011全国矿山测量新技术学术会议论文集.北京:[出版者不详],2011.

[11] 何满潮,周莉,李德建等.深井泥岩吸水特性试验研究[J].岩石力学与工程学报,2008(6):1113-1120.

[12] 侯忠杰.断裂带老顶的判别准则及在浅埋煤层中的应用[J].煤炭学报,2003,28(1):8-12.

[13] 侯忠杰.厚砂下煤层覆岩破坏机理探讨[J].矿山压力与顶板管理,1995(1):37-40.

[14] 侯忠杰,吕军.浅埋煤层中的关键层组探讨[J].西安科技学院学报,2000(1):5-8.

[15] 侯忠杰.浅埋煤层关键层研究[J].煤炭学报,1999,24(4):359-363.

[16] 黄汉富.薄基岩综放采场覆岩结构运动与控制研究[D].徐州,中国矿业大学,2012.

[17] 黄庆享.浅埋煤层长壁开采顶板结构及岩层控制研究[M].徐州:中国矿业大学出版社,2000.

[18] 黄庆享.浅埋煤层长壁开采顶板控制研究[D].西安:西安矿业学院,1998.

[19] 黄庆享.浅埋煤层的矿压特征与浅埋煤层定义[J].岩石力学与工程学报,2002,21(8):1174-1177.

[20] 黄庆享,田小明,杨俊哲,等.浅埋煤层高产工作面矿压分析[J].矿山压力与顶板管理,

1999(3):53-56.

[21] 霍勃尔瓦依特.浅部长壁开采效果的地质技术评价[J].煤炭科研参考资料,1985(3):15-26.

[22] 姜琳婧,方杰,杨宗,等.基于 GIS 与 CAD 的煤矿地下水库库容计算平台开发研究[J].煤炭科学技术,2020,48(11):166-171.

[23] 姜振泉,季梁军,左如松.煤矸石和破碎压密作用机制研究[J].中国矿业大学学报,2001,30(2):139-142.

[24] 蒋斌斌,刘舒予,任洁,等.煤矿地下水库对含不同赋存形态有机物及重金属矿井水净化效果研究[J].煤炭工程,2020,52(1):122-127.

[25] 鞠金峰,许家林,王庆雄.大采高采场关键层"悬臂梁"结构运动型式及对矿压的影响[J].煤炭学报,2011,36(12):2115-2120.

[26] 鞠金峰,许家林,朱卫兵.西部缺水矿区地下水库保水的库容研究[J].煤炭学报,2017,42(2):381-387.

[27] 李凤仪,王继仁,刘钦德.薄基岩梯度复合板模型与单一关键层解算[J].辽宁工程技术大学学报(自然科学版),2006,25(4):524-526.

[28] 李青海.石圪台煤矿浅埋较薄煤层开采覆岩运动规律研究[D].青岛:山东科技大学,2009.

[29] 李新元,陈培华.浅埋深极松软顶板采场矿压显现规律研究[J].岩石力学与工程学报,2004,23(19):3305-3309.

[30] 李正杰.浅埋薄基岩综采面覆岩破断机理及与支架关系研究[D].北京:煤炭科学研究总院,2014.

[31] 梁运涛,张腾飞,王树刚,等.采空区孔隙率非均质模型及其流场分布模拟[J].煤炭学报,2009,34(9):1203-1207.

[32] 刘听成.采场矿山压力讲义[M].西安:西安矿业学院,1962.

[33] 罗立平.矿区老空水形成机制与防水煤柱留设研究[D].北京,中国矿业大学(北京),2010.

[34] 马瑞,来兴平,曹建涛,等.浅埋近距煤层采空区覆岩移动规律相似模拟[J].西安科技大学学报,2013,33(3):249-253.

[35] 马帅.岩样自然吸水率测试新方法研究[D].成都:西南石油大学,2018.

[36] 马占国,郭广礼,陈荣华,等.饱和破碎岩石压实变形特性的试验研究[J].岩石力学与工程学报,2005,24(7):1139-1144.

[37] 煤炭工业部基本建设司组织译.国际采矿和地下工程治水会议论文集[M].北京:煤炭工业出版社,1983.

[38] 缪协兴,茅献彪,胡光伟,等.岩石(煤)的碎胀与压实特性研究[J].实验力学,1997,12(3):394-400.

[39] 庞义辉,李全生,曹光明,等.煤矿地下水库储水空间构成分析及计算方法[J].煤炭学报,2019,44(2):557-566.

[40] 彭新宁,吴承国.矿井采空区储水率的探讨[J].煤炭科学技术,1994,22(9):53-55.

[41] П. М. 秦巴列维奇.矿井支护[M].北京:煤炭工业出版社,1957.

[42] 任艳芳,齐庆新.浅埋煤层长壁开采围岩应力场特征研究[J].煤炭学报,2011,36(10):1612-1618.

[43] 石平五,侯忠杰.神府浅埋煤层顶板破断运动规律[J].西安矿业学院学报,1996(3):203-207.

[44] 宋颜金,程国强,郭惟嘉.采动覆岩裂隙分布及其空隙率特征[J].岩土力学,2011,32(2):533-536.

[45] 苏承东,顾明,唐旭,等.煤层顶板破碎岩石压实特征的试验研究[J].岩石力学与工程学报,2012,31(1):18-26.

[46] 汪北方,梁冰,姜利国,等.采空区垮落岩体空隙储水分形计算及应用研究[J].岩石力学与工程学报,2015,34(7):1444-1451.

[47] 汪北方,梁冰,王俊光,等.煤矿地下水库岩体碎胀特性试验研究[J].岩土力学,2018,39(11):4086-4092.

[48] 汪北方,梁冰,张晶,等.浅埋煤层采空区岩体应力空间分布特征研究[J].采矿与安全工程学报,2019,36(6):1203-1212.

[49] 王昌祥.采空区空隙分布规律及注浆加固治理[D].青岛:山东科技大学,2017.

[50] 王少锋,王德明,曹凯,等.采空区及上覆岩层空隙率三维分布规律[J].中南大学学报(自然科学版),2014,45(3):833-839.

[51] 武强,申建军,王洋."煤-水"双资源型矿井开采技术方法与工程应用[J].煤炭学报,2017,42(1):8-16.

[52] 夏小刚,黄庆享.基于空隙率的冒落带动态高度研究[J].采矿与安全工程学报,2014,31(1):102-107.

[53] 向鹏,孙利辉,纪洪广,等.大采高工作面冒落带动态分布特征及确定方法[J].采矿与安全工程学报,2017,34(5):861-867.

[54] 徐芝纶.弹性力学[M].北京:高等教育出版社,1990.

[55] 许家林,朱卫兵,王晓振,等.浅埋煤层覆岩关键层结构分类[J].煤炭学报,2009,34(7):865-870.

[56] 杨建,王强民,王甜甜,等.神府矿区井下综采设备检修过程中矿井水水质变化特征[J].煤炭学报,2019,44(12):3710-3718.

[57] 杨利刚,张刚洲,孙中光.近浅埋煤层双关键层结构对工作面来压影响研究[J].山东煤炭科技,2015(1):17-19.

[58] 余学义.开采损害学[M].北京:煤炭工业出版社,2010.

[59] 展国伟.松散层和基岩厚度与裂隙带高度关系的实验研究[D].西安:西安科技大学,2007.

[60] 张春,题正义,李宗翔.采空区孔隙率的空间立体分析研究[J].长江科学院院报,2012,29(6):52-57.

[61] 张宏贞.长壁老采空区稳定性分析与应用研究[D].徐州:中国矿业大学.2005.

[62] 张吉雄.矸石直接充填综采岩层移动控制及其应用研究[D].徐州:中国矿业大学,2008.

[63] 张建华.薄基岩浅埋煤层安全开采技术研究[D].太原:太原理工大学,2011.

［64］张杰.岩石压胀特性及压胀松动增产技术研究［D］.成都：西南石油大学,2008.

［65］张俊鹏.神东矿区煤层开采覆岩裂隙发育规律及预测方法研究［D］.焦作：河南理工大学,2017.

［66］张俊英,王金庄.破碎岩石的碎胀与压实特性实验研究［C］//全国开采沉陷规律与"三下"采煤学术会议论文集.北京：中国煤炭学会,2005：30-32.

［67］张倩,董艳辉,童少青.砂岩吸水过程与吸水特性的核磁共振实验研究［J］.中国科学院大学学报,2017,34(5)：610-617.

［68］张庆新,王潇.金山店铁矿岩石碎胀特性的试验研究［J］.有色金属(矿山部分),2012,64(5)：91-94.

［69］张文军,沈海鸿,蔡桂宝.浅埋煤层开采覆岩移动规律数值分析［J］.辽宁工程技术大学学报(自然科学版),2002,21(2)：143-145.

［70］张振南,缪协兴,葛修润.松散岩块压实破碎规律的试验研究［J］.岩石力学与工程学报,2005,24(3)：451-455.

［71］郑磊.薄基岩采动裂隙发育规律及应用研究［D］.徐州：中国矿业大学,2018.

［72］周西华.双高矿井采场自燃与爆炸特性及防治技术研究［D］.阜新：辽宁工程技术大学,2006.

［73］朱毅,邓军,张辛亥,等.综放采空区抽放条件下自燃"三带"分布规律研究［J］.西安科技大学学报,2006,26(1)：15-19.

［74］ARLAI P,LUKJAN A,KOCH M. 3-D Groundwater model to estimate the dynamic groundwater storage in viang papao aquifers System［J］. Procedia engineering,2012,32：1221-1227.

［75］BALLUKRAYA P N,SHARMA K K.根据恢复资源确定储水系数［J］.地质科学译丛,1992(2)：77-81.

［76］BILL REID. Longwall mining in South America［J］. Coal,1994,99(10)：55-59.

［77］BRACE W F,PAULDING B W Jr,SCHOLZ C. Dilatancy in the fracture of crystalline rocks［J］. Journal of geophysical research,1966,71(16)：3939-3953.

［78］CHANDA E K,CORBETT C J. Underground mining of shallow-dipping orebodies in Australia-Mechanised updip stoping versus transverse retreat panel stoping［J］. Australasian institute of mining and metallurgy publication series,2003(1)：165-176.

［79］DOOSTMOHAMMADI R,MOOSAVI M,ARAABI B N. A model for determining the cyclic swell-shrink behavior of argillaceous rock［J］. Applied clay science,2008,42(1/2)：81-89.

［80］ESTERHUIZEN G S,KARACAN C. A methodology for determining gob permeability distributions and its application to reservoir modeling of coal mine longwalls［C］//2007 SME Annual Meeting and Exhibit,Denver：［s. n. ］,2007.

［81］GHOSE M K,MAJEE S R. Characteristics of hazardous airborne dust around an Indian surface coal mining area［J］. Environmental monitoring and assessment,2007,130(1)：17-25.

［82］GROCCIA C,CAI M,PUNKKINEN A. Quantifying rock mass bulking at a deep underground nickel mine[J]. International journal of rock mechanics and mining sciences,2016,81:1-11.

[83] HENSON H JR,SEXTON J L. Premine study of shallow coal seams using high-resolution seismic reflection methods[J]. Geophysics,1991,56(9):1494-1503.

[84] HOLLA L,BUIZEN M. Stata movement due to shallow longwall mining and the effect to ground permeability[J]. Aus IMM Bullefin and Proeeedings,1990,295(1):78-90.

[85] JAIRO GOMEZ HERNANDEZ. A model for rock mass bulking around underground excavations[D]. Ontario:Laurentian University Sudbury,2001.

[86] KAISER P K,MCCREATH D R,TANNANT D D. Canadian rockburst support handbook[D]. Sudbury:Laurentian University,1996:314.

[87] LEE J S,SAGONG M,CHO G C,et al. Experimental estimation of the fallout size and reinforcement design of a tunnel under excavation[J]. Tunnelling and underground space technology,2010,25(5):518-525.

[88] MILLER R D,STEEPLES D W,SEHULTE L. Shallow seismie refletion study of salt Dissolution well field mear[J]. Hutehinsonks,mining engineering (Littleton Colorado),1993,45(10):125-136.

[89] NAPIER J A L,MALAN D F. The computational analysis of shallow depth tabular mining problems[J]. Journal of the Southern African Institute of Mining and Metallurgy,2007,107(11):725-742.

[90] ODRAC B. Rock pressure features of Moscow suburb coal-field[J]. Coal,1998(2):25-32.

[91] PALCHIK V. Bulking factors and extents of caved zones in weathered overburden of shallow abandoned underground workings[J]. International journal of rock mechanics and mining sciences,2015,79:227-240.

[92] PALCHIK V. Influence of physical characteristics of weak rock mass on height of caved zone over abandoned subsurface coal mines[J]. Environmental Geology,2002,42(1):92-101.

[93] PALCHIK V. Prediction of hollows in abandoned undergroundworkings at shallow depth[J]. Geotechnical and geological engineering,2000,18(1):39-51.

[94] PAPPAS D M,CHRISTOPHER M. Behavior of simulated longwall gob material[J]. Report of investigations,1993:1-54.

[95] PETERSON R D. Softwall mining extracts ore from shallow sandy deposits[J]. Engineering & mining journal,2003,204(7):20-23.

[96] RAJENDRA S,SINGH T N,DHAR BHARAT B. Coal pillar loading in shallow mining conditions[J]. International journal of rock mechanics and mining sciences and geomechanics abstracts,1996,33(8):757-768.

[97] SAHNI B M,SETH H S. Storage coefficients from ground-water maps[J]. Journal of the Irrigation and Drainage Division,1979,105(2):205-212.

[98] SINGH R,MANDAL P K,SINGH A K,et al. Optimal underground extraction of coal at shallow cover beneath surface/subsurface objects:Indian practices[J]. Rock Mechanics and Rock Engineering,2008,41(3):421-444.

[99] SINGH R P,YADAV R N. Subsidence due to coal mining in India[C]//Proeeedings of the 1995 5th International Symposium on land Subsidence.[S. l.]:[s. n.],1995.

[100] SMITH G J,ROSENBAUM M S. Recent underground investigations of abandoned chalk mine workings beneath Norwich City,Norfolk[J]. Engineering geology,1993, 36(1/2):67-78.

[101] SONI A K,SINGH K K,PRAKASH A,et al. Shallow cover over coal mining:a case study of subsidence at Kamptee Colliery,Nagpur,India[J]. Bulletin of engineering geology and the environment,2007,66(3):311-318.

[102] SWART A H, HANDLEY M F. The design of stable stope spans for shallow mining operations[J]. Journal of the Southern African Institute of Mining and Metallurgy,2005,105(4):275-286.

[103] SZLAZAK J. The determination of a co-efficient of longwall gob permeability[J]. Archives of mining sciences,2001,46(4):451-468.

[104] TRUEMAN R. A finite element analysis for the establishment of stress development in a coal mine caved waste[J]. Mining science and technology,1990,10(3):247-252.

[105] WALTER JANACH. The role of bulking in brittle failure of rocks under rapid compression[J]. International journal of rock mechanics and mining sciences,1976, 13(6):177-186.

[106] YAVUZ H. An estimation method for cover pressure reestablishment distance and pressure distribution in the goaf of longwall coal mines[J]. International journal of rock mechanics and mining sciences,2004,41(2):193-205.